神奇的概率事件

[加]杰弗里·S.罗森塔尔　著

吴闻　译

上海科技教育出版社

图书在版编目（CIP）数据

神奇的概率事件/［加］杰弗里·S.罗森塔尔(Jeffrey
S. Rosenthal)著;吴闻译. —上海:上海科技教育出版社,
2023.2

（数学桥丛书）

书名原文:Struck by Lightning

ISBN 978－7－5428－7860－1

Ⅰ.①神…　Ⅱ.①杰…　②吴…　Ⅲ.①概率—普
及读物　Ⅳ.①O211.1－49

中国版本图书馆 CIP 数据核字(2022)第 207961 号

责任编辑　刘丽曼　郑丁葳
封面设计　符　劼

数学桥 丛书

神奇的概率事件

［加］杰弗里·S.罗森塔尔　著
吴　闻　译

出版发行　　上海科技教育出版社有限公司
　　　　　　　　（上海市闵行区号景路 159 弄 A 座 8 楼　邮政编码 201101）
网　　址　www.sste.com　www.ewen.co
经　　销　各地新华书店
印　　刷　上海颛辉印刷厂有限公司
开　　本　720×1000　1/16
印　　张　16.25
版　　次　2023 年 2 月第 1 版
印　　次　2023 年 2 月第 1 次印刷
书　　号　ISBN 978－7－5428－7860－1/N·1172
图　　字　09－2022－07
定　　价　60.00 元

目　录

无处不在的概率

在哈佛大学读研究生时，我预定了飞往纽约肯尼迪机场的航班，去看望亲戚。可就在这次旅程开始前的一个星期，肯尼迪机场出了一件大事：阿维安卡航空公司的一架飞机降落失败，再次降落时燃油用尽，结果飞机坠毁，73人遇难。

得知此消息，我很震惊。我怎能在这样一场悲剧发生后的短短一周后就飞往肯尼迪机场呢？那肯定不安全。我得取消旅程。

为使自己平静下来，我试着作了一番逻辑上的思考。当时，我正在写与概率论有关的博士论文。不过我所研究的东西太理论化了，与日常生活没有什么联系。那些抽象的知识能不能应用到这一非常具体的情境中来呢？

我飞快地算了算。每星期飞往肯尼迪机场的航班约有5000个。所以，即使造成这一坠机事件的过错多数是在机场一方（实际可能不是），即使我知道下星期的某个时候这个机场还要出一次事故（实际我不知道），我乘坐的那个航班出事的概率也只有1/5000。

1/5000的概率不小也不大，但它足以让我相信我那个航班可能没事。于是我按计划飞往纽约，感谢概率论，我一路平安。

在这次纽约大冒险多年之后，我开始意识到，我们都常常会遭遇到与随机性和不确定性有关的情境及选择。如果能够对怎样把概率论的知识应用于日常生活有一个基本的了解，就可以帮助我们搞清所处的状况，去除不必要的恐惧，抓住随机性向我们提供的机会，好好地享受所面临的不确定性带给我们的乐趣。

对于随机性，人们总是既爱又怕。一方面，一场意料之外的晚会让我们狂喜，一次浪漫的邂逅让我们醉心，一本扣人心弦的侦探小说让我们沉迷，一幅即将完成的画卷让我们憧憬。还有各种奇怪的巧合、惊人的相似，也让人感到不可言说的欣悦。城里那些严肃呆板老于世故的人，潇洒地在彩票、赛马和股市上一掷千金。上班族在结束一天繁忙工作之后，快活地玩着牌，掷着骰子打着赌。《卡萨布兰卡》（Casablanca）中的那个变化不定难以捉摸的里克，比起那个英勇不屈气概非凡的——但也是墨守成规的——维克多，更能赢得观众的喜爱。

另一方面,人们也颇为痛恨不确定性的阴暗面。从癌症到非典型性肺炎(SARS)之类疾病的袭来可说是没有任何明显的规律,使得生命毁灭,医学受挫。还有恐怖活动、空难、桥梁坍塌,我们永远都不知道下一个遇难的是谁。甚至天气有时也会突然出乎意料成为杀手,或者把一场室外婚礼搞得一团糟。成功的政治家好唱高调,宣称对一切事情都信心满满,那只是为了让我们忘记他们(还有我们)在处置大多数最终带有随机性的国家大事时的无能。

随机性常常是不好也不坏,只是让人困惑。我们被告知:民意调查的结果准确到"4 个百分点以内,20 次中有 19 次是这样";有一项研究"证明"某种药物有效,某些生活方式不好;约某人某天出去其实"不会有什么损失",尽管你很紧张,被拒绝的可能性让你觉得可怕。我们还会被告知"今天有 40% 的概率会下雨",诊断疾病时有"假阳性"的风险。到底应该怎样看待这种概率性呢?或者说,这种概率性的真实含义是什么?对此我们并不总是很清楚。

我们这个世界本质上来说是随机性的,但是我们常常会无视或歪曲这一点。我们相信是上帝故意用改变天气来惩罚我们,或以为数数花瓣就知道"她爱我还是不爱我"。在莎士比亚(Shakespear)的戏剧《恺撒大帝》(Julius Caesar)中,卡西乌斯就否认命运对人的影响,他说:"亲爱的布鲁图,要是我们受制于人,那错处并不在我们的命运,而在我们自己。"①电影中,叼着雪茄的牛仔完全凭借意志力就能抓到一手同花顺。影片《倒霉鬼》(The Cooler)中,伯尼站在谁身边,谁就要输钱。《星球大战》(Star Wars)中的流氓英雄汉·索洛在机器人警告他成功飞越一片小行星带的可能性大小只有大约 1/3720 时,嘲弄道:"不要跟我提什么可能性!"

但现实情况是,随机性是躲不过去的。生活中的很多方面都取决于并不能

---

① 卡西乌斯(Gaius Cassius Longinus),古罗马将军,刺杀恺撒的主谋之一。布鲁图(Marcus Junius Brutus),恺撒时期的元老议员之一,参与刺杀恺撒。他曾留下一句名言:"我爱恺撒,我更爱罗马。"——译注

完全由我们控制的事情,这就是不确定性。我们有两个选择:要么向不确定性投降,要么学会理解它。走后一条路,我们会作出更明智的选择,并利用这种不确定性达到自己的目的。

通过下面列举的一些生活中的情境,你会发现,对不确定性和概率性的理解可能有助于我们应对这些情境。

你正打算去国外旅行,但那里关于恐怖活动的报道又让你迟疑。去还是不去? 其实,只要对概率论稍有了解,你就能估计行程中遭遇恐怖活动的风险有多大,然后作出相应的决定。

为了保证网上交易的安全性,你需要一个密码。如果随便编一个密码,不良分子可能会分析你的心理,猜出密码,窃取机密。另一方面,如果利用随机性来生成密码,即便是最狡猾的坏蛋也可能几乎束手无策。现代计算机就是这样时时在运用随机性。

在和一个聪明的对手在智力上一比高下时,怎样才能不输。可以利用随机性设计一个纳什均衡策略,这样,对手除了猜就没有更好的办法了。

当地警察局局长和政客都宣称犯罪行为已失控,需要投入更多的资金来确保法律的执行。你可以应用线性回归的方法,对犯罪行为是否确实在增多作出自己的判断。

你想约办公室里的那位漂亮女会计出去,可又担心她会拒绝你,甚至也许会埋怨你。试试效用理论,它能量化你关于向往、害怕这样的感受,然后你再算算,看看打那个电话是否值得。

医生建议你必须用某种药——最新的医学研究已证明这种药绝对有效。考虑一下这项研究的倾向性以及 p 值(p-value),然后你就可以自己决定是否接受。

有竞争对手嘲笑说,你那风险投资成功的可能性还没被闪电击中大呢。对有关数据稍加分析就能发现,因被闪电击中而身亡的可能性实际上是多么小。

那位对手的话全是一派胡言。

那么多垃圾邮件让人不胜其烦,你希望用什么办法来阻挡它们。概率论可以帮助计算机把垃圾邮件与真正的邮件分别开来,你的邮箱就不会总是塞得那么满了。

有一天,你发现有三个人都把头发染成了绿色。这是一种新时尚吗?按泊松簇一概念来看,随机事件往往会扎堆发生,许多看似惊人的巧合或风尚其实纯属偶然,没有任何意义或者影响。

有个朋友想用"蒙提·霍尔问题"来难住你:如果你已经知道3号门后面是空的,那么另外两扇门中哪一扇的后面更有可能藏着一辆小汽车呢? 根据条件概率的理论,你可以算出所有的可能性,从而作出正确的选择。

你写了一首很棒的歌,可又担心别人也许已经写过完全相同的一首歌。概率论对于判断是否唯一提供了一种有用的视角,从而确保你写的那首歌确实是新的。

建造桥梁、进行医学研究以及设计核反应堆都要求计算一些很复杂的量,你知道科学家和工程师是如何处理的吗? 蒙特卡罗取样利用随机性,就可以在高速计算机上计算诸多这样的量。

玩牌时是否下注? 玩大富翁时要买多少房子? 你得作出决定。概率论在策略上对机遇游戏提供了很多有用的看法,它们能让你成为游戏中的常胜将军。

这样的情境有很多且各种各样,它们有一个共同点——无论在哪种情境,懂得概率、随机性和不确定性的知识,我们就能够更好地作出决定,更清楚地了解我们周围的世界。以对随机性进行理性的思考而不是任由情感摆布为基础的"概率视角"去观察随机性,那么即使是简单的概率计算也能让我们减轻压力,认清选择。

尽管没人能对不确定的事作出完全精准的预测,但是我们至少能去理解这种不确定性本身。本书将讨论与许多不同事件有关的概率问题。对于各种结果出现的可能性进行逻辑思考，我们就能作出更好的决定，更深入地了解我们的生活，从而更好地应对所面临的不确定性，甚至学会去享受它们。

所以，下一次如果你女儿坐飞机回家时遇到雷暴天气，不要惊慌，不要绝望，也不要去想象那些可怕的事故场景。相反，想想概率的视角，想想每年单是美国本土就大约有一千万架商务航班（其中有许多正好遇到暴风雨）起降，而导致人员伤亡的飞行事故平均只会发生 5 起。你女儿乘坐的航班哪怕只造成一人死亡，这种事情发生的可能性也只有二百万分之一。这就等于不会发生。

担心没有必要，享受这一时刻吧。热切地期盼她回来，做好她爱吃的饭菜，再准备一盘机遇游戏，玩牌或掷骰子。想想随机性给我们的日常生活带来的乐趣和刺激。

最后，女儿顺利到家，有点出汗，非常饥饿，但平安无事。你一定要给她一个有力的拥抱噢！

巧合与意外

我们常常会碰到乍一看令人震惊的巧合：你和 3 位朋友一起吃饭,结果发现4 人穿了同样颜色的衣服；你梦见自己的孙子,第二天他就突然打来电话；你的两位同事在同一天都接到要去参加陪审团的通知；你发现你老板的新娘和你是小学同学。这些事情让我们或惊或喜,或疑或思,但怎么会这样呢？

从概率的视角来看,我们首先应该问,这样的事难道不可能发生吗？ 所谓巧合,实属平常还是真的惊人？

多少分之一?

对个人来说,在某种情况下,所发生的任何事都是意料之外的。

"令人震惊"的彩票大奖得主

"我不信,"珍妮弗叫道,"小小的斯莫尔镇来的约翰·史密斯竟然赢得了彩票大奖！"

"哇,真牛！"你小心应道,"你认识他吗？"

"不认识,真不幸。"

"你以前听说过他吗？"

"没有,从来没有。"

"你以前去过斯莫尔镇吗？"

"没有。"

"那你为什么这么惊讶呢？"

"因为赢得彩票大奖的可能性只有约一千四百万分之一。"珍妮弗以权威的口气说道,"偏偏约翰·史密斯那家伙赢得了！"

不管是哪种商业型彩票,要赢得大奖几乎都是不可能的。但是,每天都有数百万的人买彩票,他们中通常又至少有一人会中奖。这倒一点也不会让我们吃惊,为什么呢？ 因为数百万人中方有一人赢得了大奖。每人都有数百万分之一的机会赢得大奖,所以当然通常会有某个人赢得啦。

将一枚硬币连掷 10 次,如果每次都是正面朝上,那可是非常惊人的,因为这种事情发生的概率只有 1/1024(每次掷硬币,正面朝上的概率都是 1/2,连乘 10 次)——不到 0.1%。然而,如果你一整个下午不停地掷同一枚硬币,几个小时以后终于发现接连有 10 次正面朝上,那就一点也不奇怪了,因为那是必然之事。

所以,当有朋友告诉你一项惊人的发现时,你首先要问自己:概率是多少? 也就是说,总共有多少次不同的机会让这件事——或其他类似的意外之情——发生?

迪士尼乐园里的巧遇(一个真实的故事)

在我 14 岁时,我们全家曾到佛罗里达州奥兰多市的迪士尼乐园游玩。两天的时间里,我们乘坐了可怕的过山车和舒缓的小火车,看到了闹鬼的房子、会唱歌的木偶,还吃了很多垃圾食品。意外的是,在数千陌生人当中,我们竟然遇到了父亲的堂兄菲尔一家。他们住在康涅狄格州,我们谁也没有想到会在佛罗里达州碰到。这样的巧遇让我们全都大吃一惊。

这到底有多令人震惊呢? 当时美国有两亿三千万人口,所以在迪士尼乐园里随便选一个人,他恰好就是我父亲的堂兄菲尔的可能性只有两亿三千万分之一——小得让人难以想象。不过,在迪士尼乐园的两天时间里,我们在排队等待各种游乐项目时碰到过许多不同的陌生人。算下来至少有两千人曾与我们碰面,甚至认识,而他们中任何一人都可能会是菲尔。所以,遇到菲尔的可能性马上就增加了 2000 倍,变成十一万五千分之一了。

但是菲尔堂兄并不是我们唯一可能会遇到的人。我父亲的其他堂表兄弟,我母亲的堂表兄弟,或许还有其他亲戚。此外,还有我们的朋友、同事、邻居、同学、朋友的亲戚、邻居的朋友,等等。至少有 500 个像菲尔那样的人,这种相遇同样会让人大吃一惊。这就让相遇的可能性又增加了 500 倍,变成 1/230 了。

当然,1/230 连 1/100 的一半还不到。所以在迪士尼乐园玩,大多数时候可能一个认识的人也碰不到,但在一生的旅行、参观和探险中,你一定会不时地与某人不期而遇。这其实并不那么令人吃惊。

　　"多少分之一"这个问题会以不同的方式出现。例如，有位朋友告诉我，就在她父亲去世前的那个晚上，父亲出现在她梦中，神色异常平静。有人可能会想，这个梦表明我那位朋友似乎"知道"她父亲要死了，或者甚至会想，这是她的父亲于500千米以外在潜意识里与她交流。

　　也许是这样吧。不过另一种解释是，我们每天晚上都会做很多梦。其中最有可能想得起或记得住或会与别人谈论的，正是这些与别的事情有着令人惊异联系的梦。暂且假设我那位朋友每50个晚上会做一个梦见她父亲的梦。那么她在父亲去世前的那个晚上，正好梦见他的可能性只有1/50。然而，在她的一生中，某个时间点做某个与某些事情有关的梦的可能性却大得多。所以，问题在于，总共多少个梦里面才会有一个令人印象深刻的梦？

　　诺贝尔奖得主、物理学家费恩曼（Richard Feynman）曾记录下在学生时期发生的一件事。一天，突然有一种感觉告诉他，祖母死了。就在那时，电话响了。他的预感是真的吗？他的祖母死了吗？不，电话是找另一个学生的，费恩曼的祖母还是好好的。这一故事很好地说明了尽管我们经常会有预感、会做梦、会作推测，但那些与现实不符的往往会忘掉。偶尔有一次成为现实，我们就会忘记这只是许多预感中的一个，因此结果就显得令人惊讶了。

　　现在考虑一个经典的物理问题。取一小杯水倒入海里。渐渐地，水流、浪潮、下雨、蒸发就把世界上所有的水混在了一起。5年后，你到世界另一面的某处海边，再取一小杯水。那么，前一杯水中的水分子，现在有多少出现在后一杯水中呢？

　　全世界的海水约有10亿立方千米之多。相比之下，一杯水简直不值一提：它在1后面跟22个零这么一个总份数中大约占两份。前一杯水中的任何一个特定的水分子会在后一杯水中出现的可能性相当于这么一个分数，分母是1后面跟22个零，分子是2。这个概率实际上趋近于零。

另一方面,水分子又小得难以想象,即使只有一杯水,里面的水分子也多得不得了——大概有 1 后面跟 25 个零那么多。事实上,正因为前一杯水中有这么多的水分子,5 年后,全凭偶然,它们中还是会有 1000 多个水分子会出现在后一杯水中。1000 个水分子现在听上去好像很多,但它们是多少分之一呢?

我们能用类似的理性概率逻辑来分析神奇的爱情吗? 许多人都有这样的经历,他们未来的伴侣是在一种很不可能的场景下"碰巧"遇上的。就我自己来说,尽管我的妻子玛格丽特(Margaret)和我以前曾在一个晚会上照过面,我们之间的爱情却是在另一个机缘下开始的。有天下午,我碰巧陪一个朋友去邮局寄包裹,他也是碰巧给一个同事帮忙。当时,玛格丽特也是碰巧提前下班,又碰巧要去邮局办点私事,而她去的邮局又碰巧与我们去的是同一家(这个邮局离她家与她工作的地方都不近)。

我陪朋友去办事的概率有多大? 玛格丽特当天也去同一家邮局的概率有多大? 在那天的同一时刻我们都在那里的概率有多大? 将所有这些因子乘在一起就可得出,我和玛格丽特在那天相遇的概率最多只有数十万分之一。

但是,它就是发生了。我该怎么解释呢? 噢,我可以坚持说,即使我们没有在邮局相遇,以后的某一天也会在别处相遇,比如另一个晚会上。我也可以断言,在我每星期的东奔西跑当中,某些时候肯定会遇到什么趣事。我也可以冷静地宣称,每个人事实上都有许多潜在的合适的伴侣,早晚你总会遇到其中的一个。不过,以上的这些说辞好像都不怎么令人信服。我猜我只是一个幸运的家伙罢了。

朋友的朋友的朋友

有时我们会发现一些关系链,表面看来颇为惊人。比如,你发现隔壁邻居是你兄弟的管家的堂兄。对此,我们什么时候该感到惊讶、什么时候又不该感到惊讶呢?

有些关系链更有趣。在影片《星球大战》里面,邪恶的维德(Darth Vader)向英雄天行者(Luke Skywalker)宣称"我是你父亲"时,这一关系的揭示出人意料,令人印象深刻。在此片的搞笑版、布鲁克斯(Mel Brooks)的《星球歪传》(Spaceballs)里,赫尔米特勋爵(Lord Dark Helmet)说"我是你父亲的兄弟的侄子的堂兄的前室友时"就很平凡(从而成为一处笑点)。对这两句听上去相似的道白,我们的反应为什么会如此不同呢?

我们再来解释一下,这种关系的概率是多少?每人都只有一位父亲。对于我们来说,尽管与父亲同等重要的人物可能还有母亲、兄弟姐妹、子女甚至终身密友,但父亲的地位仍非常崇高,在近亲中肯定可以排在前十位。所以,如果我们的头号大敌关系与我们这么近,那当然就非常令人震惊了。另一方面,对于我们来说,有许多人的重要性等同于我们"父亲的兄弟的侄子的堂兄的前室友"。所以,当达克·赫尔米特勋爵说出他是关系这么远的一个角色时,我们只会当他是非常庞大的关系群中的一人。没有理由为此惊讶,我们也确实没有惊讶。不过,和我们的关系与此类似的人到底有多少?能与我们通过较短的关系链相联系的人又有多少?

这一问题与六度分隔现象有关,该理论源于哈佛大学心理学家米尔格朗(Stanley Milgram)在1967年做的一个实验。他把包裹寄给在堪萨斯州和内布拉斯加州随机选出的一些人,要求他们尽量把包裹转寄给住在马萨诸塞州的某个指定的人。问题是,转寄包裹的人只知道收包裹者的姓氏。[①] 所以,堪萨斯州转寄包裹的人就要考虑:我有哪个熟人可能会与另一个人相熟,那个人又与别的某人相熟,别的某人最后又与马萨诸塞州的目标人物相熟?

米尔格朗发现,每个成功寄到的包裹平均要经过 6 个人的手。"六度分隔"的概念就是这样产生的,它激起了人们极大的好奇心:原来我们彼此之间都能通

---

① 根据该实验要求,转寄者只知道收件人的姓名、家乡、职业与一些个人描述,但不知道他们的地址。——译注

过较短的链相连,比如"朋友的朋友的朋友"或"同事的同事的同事"。

米尔格朗的实验有很多缺陷。它限制在一个国家,并且有很多包裹最后并未寄到,这可能仅仅是因为中间的人对实验不感兴趣,但也可能意味着需要转手更多的人才能把包裹寄到(但并未实现)。另一方面,收到包裹的人要自己决定再把包裹寄给谁,他们无法知道自己的选择能否让前后经手的人最少。总的来说,大多数科学家都接受米尔格朗的实验结论,就是我们彼此之间都能通过较短的关系链相连,尽管精确的数字6的真实性值得怀疑。

现在,我们换另一种方式来看看这种联系。比如,假设每个人都有 500 个"朋友",也就是彼此相熟的人。那么朋友的朋友关系链就有 500×500,即 25 万之多,而朋友的朋友的朋友关系链就有 $500 \times 500 \times 500$,也就是 1.25 亿。这里面当然会有某些不同的关系链最后指向同一个人,所以你的朋友的朋友的朋友总数要少于 1.25 亿——但还是多得吓人。即使把全世界的人都考虑进去,六度分隔理论仍极有道理。

数学家们喜欢这样的关系链,他们还以卓越的匈牙利数学家埃尔德什(Paul Erdös, 1913—1996)的工作为出发点,建立了自己独特的关系链。埃尔德什的一生,都在拎着一个行李箱去拜访世界各地的数学家。这些数学家要照顾埃尔德什的日常生活,埃尔德什以帮他们解决研究中遇到的问题作为回报。最终,埃尔德什与世界各地的数百名数学家联合署名发表了 1500 多篇数学论文。[1]

有感于这种广泛的联系,数学家们发明了埃尔德什数。每位曾与埃尔德什合写过论文的数学家,埃尔德什数都是 1(这样的人有 500 多位);每位曾与埃尔德什数为 1 的数学家合写过论文的数学家,埃尔德什数都是 2(这样的人有 7000 位左右);照此类推。我自己的埃尔德什数是 3:我在 1999 年与数学家佩曼特尔

---

[1] 参见《数字情种——埃尔德什传》,保罗·霍夫曼著,章晓燕等译,上海科技教育出版社,2009 年。——译注

（Robin Pemantle）合作发表过一篇论文，他在 1996 年与数学家詹森（Svante Janson）合作发表过论文，后者又在同一年与埃尔德什合作发表过论文。因此，从我到埃尔德什就形成了一个 3 位数学家链。可惜的是，这并非什么了不起的成绩，有 33 000 多位数学家的埃尔德什数也都是 3。

这里还要提及的是，电影爱好者们也有自己的类似于埃尔德什数的发明，即贝肯数。每位曾与演员贝肯（Kevin Bacon）合作出演过一部影片的人，贝肯数是 1；每位曾与贝肯数为 1 的演员合作出演过一部影片的人，贝肯数是 2；照此类推。例如，萨兰登（Susan Sarandon）的贝肯数是 2，因为她与潘（Sean Penn）合作出演过《死囚漫步》（*Dead Man Walking*），后者又与贝肯合作出演过《神秘河》（*Mystic River*）。

类似的概念还可以应用到其他许多不同的对象上。比如，互联网上的链接（用网页浏览器从你的网页到我的网页，中间要点击多少次超链接）。例如一起录过音的摇滚乐手，查尔斯（Ray Charles）到奥斯伯恩（Ozzy Osbourne）只要 3 步链接，因为查尔斯与杰克逊（Michael Jackson）一起录过音，杰克逊与重金属乐队吉他手斯拉施（Slash）一起录过音，后者与奥斯伯恩一起录过音；还有，曾在同一个队效力的棒球运动员，从 1930 年代的强击手鲁斯（Babe Ruth）到现在的明星投手克莱门斯（Roger Clemens），可以找到好几条不同的 5 步链接路径；还有对于与梦露（Marilyn Monroe）的链接步数，但出于礼貌，我就不再详细解释。

要在不同种类的人群之间找到不同种类的联系，其结果似乎是一切皆有可能。这给"巧合"提供了一种全新的视角：有那么多可能的联系，因此它们偶尔真的发生也就不奇怪了。

数数对子有多少

有一个众所周知的关于概率的有趣事例，即生日问题。随机选择 23 个人，他们当中有两个人同一天过生日（只看月和日，不看年）的概率要超过 50%；如果有 41 或更多的人，两人同一天过生日的可能性将超过 90%。据此可以设计一出不错的小把戏。下次你再去参加一个规模不小的室内晚会时，记得找一位没听说过生日问题的可怜的傻瓜，然后跟他打赌，说房间里肯定有两个人同一天过生日；接下来，你就等着数钱吧。

为什么这种概率会那么高呢？这个问题也是一个多少分之一的问题？不过这一次的答案有些让人难以捉摸。最初我们可能会想，一年有 365 天（不考虑闰年），23 个人的生日只占据 365 天当中的 23 天，也就是 6.3%。这是一个非常小的数，我们前面设计的那个小把戏能有效吗？令人生疑。然而，上述答案是对的，只是问题问错了。如果你问 23 个人，他们当中是否有人在今天（或圣诞节，或其他特定的一天）过生日，那么说是有人的概率确实只有 6.3%。

这一事实曾帮我"破案"。在一次开统计学会议的晚餐期间，有 3 个人庆祝生日，这让我起疑。当时聚餐的只有 180 人，从统计学上看，恰好在那一天过生日的只可能有 180/365 人，也就是约半个人。我的怀疑是对的，我后来发现，那几位"寿星"中有两位的生日其实是在下个月，他们只是想利用过生日来发点财。

可是在这个小把戏中，我们问的是 23 个随机选择的人中，是否有两人的生日在同一天——没有指定是哪一天，比如今天或圣诞节。由这一差别就可以解释相应的可能性为什么会那么高了。

奥妙其实在于对子数要比单个人数多得多。例如，假设晚会上有 4 个人：埃米，贝提，辛迪和德比。他们可以配成 6 个对子：埃米—贝提，埃米—辛迪，埃米—德比，贝提—辛迪，贝提—德比，辛迪—德比。人越多，配成的对子也越多，且多得多。有 23 人参加晚会，可配成 253 个对子；41 人参加晚会，可配成 820 个对子。（对子数是这样算的，由总人数乘以比总人数少 1 的那个数，再除以 2。如总人数为 4，对子数就是 $4 \times 3 \div 2 = 6$；总人数为 23，对子数就是 $23 \times 22 \div 2 = 253$；总人数为 41，对子数就是 $41 \times 40 \div 2 = 820$。）

现在,我们来看看生日问题是怎么回事。尽管只有 23 个人,但他们能配成 253 个对子。每个对子中两人的生日恰好在同一天的概率是 1/365;平均算来,两人生日在同一天的那些对子总共有 253/365,也就是 0.69 个。0.69 远大于 0.5,这表明有两人的生日在同一天的概率大于 50%。0.69 这一数字其实有些过,因为可能会有不同的几对人,他们的生日都在同一天。作出修正后可以得出,23 人中有两人的生日在同一天的概率是 50.7%。若有 41 人参加晚会,平均算来,两人的生日在同一天的那些对子共有 820/365,也就是 2.25 个,而至少有两人的生日在同一天的概率就是惊人的 90.3%。

表 2.1 生日问题的数据

人数	对子数	两人的生日在同一天的对子平均数	两人的生日在同一天的概率
4	6	0.02	1.64%
10	45	0.12	11.69%
20	190	0.52	41.14%
23	253	0.69	50.73%
30	435	1.19	70.63%
35	595	1.63	81.44%
40	780	2.14	89.12%
41	820	2.25	90.32%
45	990	2.71	94.10%
50	1225	3.36	97.04%

由生日问题可以看到,匹配成功的概率——生日、收入、家乡、爱读的小说、口袋里的零用钱,还是其他事——要远远高出你的想象,因为可能的对子太多了。所以下一次如果有两样不同的事项正好相匹配,不要惊讶。相反,问问你自己,总共有多少个对子?

播放音乐时的混乱

你很兴奋,因为你买了一台超级数字音乐播放器。你急忙下载了 4000 首喜欢的乐曲,然后按下键,随机播放。随着吉他的反复和小鼓的独奏振动着你的耳朵,一首辉煌的交响乐响起。你期待着听到一首首不同的乐曲,这是多么的幸福啊。

在听到第 75 首乐曲时,你发现,这是已经播放过的第 42 首乐曲。总共 4000 首乐曲,仅仅播放了 75 首就开始重复,真是一台愚蠢的播放器。怎么会是这样? 这台播放器肯定有问题!

在找商家退款前,你做了一些计算。75 首乐曲可以配成 2775 个对子,比总共 4000 首乐曲的一半还要多。在 4000 首乐曲中随机选择 75 首,其中至少有两首一样的可能性是 50.2%。

所以,播放器也许不该受到责备。你还是戴上耳机继续听吧。

要下雨,就下大雨

2003 年 11 月的头一个星期,大多伦多都市区发生了 5 起不相干的杀人案件。通常来说,该地区的杀人案件每星期只会发生 1.5 起。这一消息经媒体广泛报道后,人们开始担心正有一波犯罪浪潮汹涌袭来。多伦多市的警察局长呼吁对法庭审判系统进行公开的调查,说它"没有产生明显的威慑力"。这样的反应合理吗?

在回答此问题之前,我们先来猜猜下面的一个谜。图 2.1 所示为两个不同的点集,各有 100 个点。其中一个点集中的点完全是随机放置的,每个点在盒子中出现在某一地方的可能性都一样,另一个点集中的点是有意放置的。哪个点集是随机的? 是左边还是右边?

在图 2.1 左边的点集中,各处点的分布表现出不同的形态。在一些地方,两三个点挨得很近。在有些地方,大片的区域中只有寥寥几个点。另外,图下方的那些点看起来几乎是螺旋形排列,而不像是随机放置的。

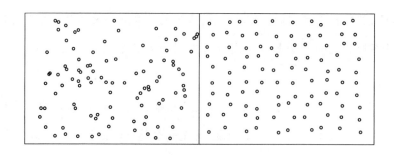

图2.1　哪个点集是随机的,左还是右?

相比之下,右边那个点集中的点分布得很好。没有哪个点与另一个点挨得很近或很远,也没有哪片区域显得太稀疏。这些点似乎很好地展示了随机性,但事实上,左边点集中的点才是随机放置的。在这个点集中,每个点被放置在盒中的任何一个地方的可能性是相同的,且与其他点无关。那些挨得很近的点、稀疏的区域、螺旋形等,都是由偶然造成的。而右边点集中的点并不是随机放置的。我先画一个网格,然后把那些点均匀地画在各个格子里,再让每个点随机地略微移动一下(以免排列得太过完美)。因此,右边点集中点的分布只有很微弱的随机性(骗骗眼睛是够了),它们其实是经过精心安排,以高度非随机性的方式均匀地分布在整个方框中。

这一例子表明,在很多事项(比如点)出现的地方,它们中的一些往往会偶然地聚在一起,这不能说明它们之间存在什么趋势、原因或联系。随机性欺骗了我们,我们所看到的形态、关系只是偶然的存在,别无深意。概率学家把这种现象称为泊松簇。相应的精确概率(泊松分布)最早是由法国数学家泊松(Siméon-Denis Poisson)于1837年计算出来的。

泊松簇能让某些人胆战心惊。我曾担任一家在线赌博网站的顾问,经理怀疑计算机在挑选基诺球(Keno balls)时出了问题。那些球应该以相同的概率随机地选出,但是经理发现有太多的球来自展示板上靠近17号的位置,他担心狡猾的赌客会利用这一点。经理的担心其实是多余的;精确的统计分析表明,那些

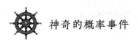

球确实是以相同的概率随机地选出来的。经理看到的只是泊松簇在起作用罢了。

多伦多的那些杀人案件又是怎么回事？泊松分布告诉我们，如果每星期平均会发生 1.5 起杀人案件，那么全凭偶然，某一星期会发生 5 起杀人案件的概率仍有 1.4%。所以，不出意外的话，每 71 个星期就有 1 个星期会发生 5 起杀人案件——几乎一年一次！多伦多杀人案真的不该那么令人震惊，它也没有暗示什么，只是运气差。

相比之下，一星期连一起杀人案件都不发生的概率要超过 22%。确实，多伦多已有许多个星期没有发生过一起杀人案件了，但我还是看到报纸上的头版头条在惊呼"本星期仍平安！"

理解泊松簇的另一种方法是借助对子或更大的群体概念。在图 2.1 中，左边方框里有 100 个点，它们能配成 4950 个对子。在这样多对子中，有一些对子中的点挨得很近也就不足为奇。同样，一年发生 78 起杀人案件，它们能配成 3003 个对子，而由它们中的任意 5 起杀人案件组成的群则有 2100 万个之多。因此，这么多群中有一个群的 5 起杀人案件全都发生在同一星期，也就不怎么令人吃惊了。

泊松簇还能用来解释许多不同的事情。好几个星期你都没有接到晚会邀请，突然有两三个晚会都邀请你去，而且全在同一个晚上。你开车好几个小时都没遇到什么阻碍，突然在几分钟之内接连碰到两个差劲的司机。一天中有 5 个不同的人都对你态度粗暴。你在同一晚上接到 3 个电话，都是拨错了号码。你在公共汽车站等了 25 分钟也没等到一辆车，你满怀沮丧，突然却看见有三辆车没理由地连着开来。这些事情没有什么神秘的，也毫不惊人，也说不上出人意外。它们都只是概率的规则产生的结果。

说到公共汽车，泊松簇还能用来解释时刻表的重要性。如果公共汽车有规律地运行，每 10 分钟来一辆，那你等车的时间就是 0 到 10 分钟，平均 5 分钟。

然而,如果公共汽车的运行完全各自为营,没有时刻表,情况就不同了。幸运的话,立即就会等来一辆车(甚至几辆车);不幸的话,就得等上很长一段时间。在这种情况下,等车的平均时间可能是10分钟——恰好是公共汽车按时刻表运行时的等车时间的两倍。所以,如果你所在城市的公共汽车运行很随意,可以向市长投诉,说你等车的平均时间毫无必要地拉长了一倍。

我们已经看到,许多所谓的巧合都纯属偶然。表面上惊人的结果也许只是众多可能性中的一个(比如在迪士尼乐园里遇到我父亲的堂兄),或者源于那么多对子(比如生日问题),或者应归因于泊松簇(比如每星期发生的杀人案件数目,点的螺旋形状)。

有时候,巧合的发生是因为两件看来不相干的事实际上有着共同的起因。房价猛跌,银行收益却猛增,二者都应归因于利率的调高。坐飞机的人数与参观博物馆的人数都在同一个星期飙升,那是因为正好放春假了。

有时这些共同的起因非常不起眼,人们很少注意到——但它们恰恰能用来解释看似惊人的巧合。下一次如果有两人或更多的人突然提出同样的建议,讨论同样的问题,或是采取同样的行动,那就问问自己,是否有什么共同的起因能用来释疑。

父母的沉思

你终于找到了一个保姆来照顾杰森。此刻,你正与丈夫坐在一家高雅的法国餐厅,享受着难得的宁静与浪漫。

你惬意地轻摇着15美元一杯的红葡萄酒,不小心有几滴溅到白色的桌布上了。小小一片泅红让你想起去年杰森过5岁生日时的荒唐一幕,意大利面的酱汁大多是流到地毯上去了,而不是吃进孩子们的肚子里。

那天,杰森看上去很高兴。一个月后,他开始上幼儿园了,但看起来变得很焦虑。秋天,你和杰森的老师说起这一变化,她承认杰森在适应新生活上遇到了困难,但又说他看上去正在进步。

几个星期后在幼儿园的音乐会上，杰森很开心，他很喜欢这一活动。他与新结识的好朋友小哈尔多坐在一起。哈尔多看起来是一个不错的孩子。

哈尔多的父母是挪威人，他唱了一首传统的挪威民歌。尽管哈尔多不是什么伟大的歌手，但那首歌仍能唤起人们对于壮丽的峡湾以及幸福的人们的美好想象。斯堪的纳维亚应该是一个有趣的地方，哪天去看看。

"也许我们该去斯堪的纳维亚度假。"你的丈夫突然宣布道。你盯着他，很震惊。"啊，我也正想着斯堪的纳维亚呢！"你大叫道，"真是惊人的巧合！"

其实，你的丈夫也注意到了桌布上的那几滴红葡萄酒。他也想起了杰森的生日晚会，幼儿园的音乐表演，还有杰森的新朋友哈尔多……

即使没有什么共同的起因，综合应用"多少分之一"法则、泊松簇以及"朋友的朋友"那样乘幂似的关系链，也能对大多数的巧合作出解释。此种解释虽不能让巧合变得不再那么惊人，但能帮我们理解为什么巧合会那么频繁地发生。

为什么赌场总是赢

无论是在奢华的拉斯维加斯,还是在世界上其他数千个稍微朴素些的城市里,抑或在影片中,我们都能看到赌场在营业。这些地方充满了焦躁的赌徒和好奇的游客,他们玩着各种各样的赌博游戏,从老虎机到轮盘赌、掷双骰子、选基诺球、打扑克牌,再到 21 点。就每一种赌博游戏来说,真的什么事都会发生:有人输,有人赢;有人发财,有人破产;有人赌上一天,有人只待几分钟就走。

所有的随机性中都隐藏着一项确定无疑的事实——长远来看,赌场总是在赚钱。赌场是会产钱的奶牛。人们在争论赌博业的道德规范时,关心的往往是赌场对社会的影响、成瘾问题和给青少年传递的信息;没人关心赌场会亏本——这种事绝不会发生。

怎么会这样呢? 那么多的不确定性怎么能产生这一确定的事实呢? 每位赌客的运气都全凭随机、不可预测,怎么赌场就能这样稳定地有把握地赚钱呢?

答案与两项关键的原因有关。一项是,赌场的收益是由许多各自独立的赌博行为综合决定的。每小时,可能就有成百上千次赌博在轮盘上进行,成千上万次赌博在老虎机上或其他机器上进行。尽管每一位赌客可能只是参与过几次赌博,但赌场作为一个整体所卷入的赌博次数却是极其多的。

当随机性事件一次次重复发生,成功的比例就会越来越接近于一个平均值(也叫期望值)。比如不断地掷一枚普通的硬币,长远来看就会有大约半数的结果是正面朝上。不断地掷一枚普通的正方体的骰子,长远来看就会有大约 1/6 的结果是 5。这不只是猜想,这是定律——大数定律。这条定律是说,如果一项随机事件重复发生足够多次,那么长远来看,好运与霉运会互相抵消,最后得到一个接近"正确"的平均值,一个模仿真正的概率的平均值。

斯托帕德(Tom Stoppard)有一剧作《罗森克兰茨和吉尔登斯特恩都死了》(*Rosencrantz And Guildenstern Are Dead*),其中说有一枚硬币几天内被掷了数百次,每一次都是正面朝上。这一事件连同其他许多事件,让剧中主角感到不是活在现实中。他们的感觉是正确的吗？绝对正确！大数定律保证，从长远来看，好运与霉运会互相抵消，平均值会越来越接近于真正的概率。所以，如果你掷一枚硬币许多许多次，结果大概会有一半是正面朝上，一半是反面朝上。接连数百次都是正面朝上，这种事情是绝不会发生的。

当然，硬币不知道正面朝上与反面朝上应该互相抵消。确实，即使连着4次是正面朝上，再掷一次，正面朝上或反面朝上的概率仍然相等。大数定律认为，虽然每次掷硬币是正面朝上或反面朝上的概率都相等，且与之前的结果无关，但是从长远来看，正面朝上的比例却会越来越接近于一半。

由大数定律可知，一种赌博游戏，即使平均来讲只是对你略微有利，只要玩的次数足够多，最后你肯定会赢。同样，一种赌博游戏，即使平均来讲只是略微对你不利，只要玩的次数足够多，最后你肯定会输。所以，虽然每一次赌博游戏都是独立的、与以前无关，但是从长远来看，起决定作用的却是这一游戏的平均输赢次数。

另一项关键原因是，在每一个职业赌场里，每一种赌博游戏都是略微对赌场有利。各种赌博游戏的赔付规则都经过专门设计，这就为了保证，虽然在每一次赌博当中什么事都可能发生，但长远来看，平均总是赌场要稍稍占先。

如果一个赌场只有不多的几个赌客，他们每人赌博的次数也都只有不多的几次——即使赌额很大，其结果也不好说。赌客可能输也可能赢，赌场可能赚钱也可能赔钱。结果是随机的。

另一方面，如果一个赌场有许多赌客，他们赌博的次数又很多，那么随机性就会几乎消失。每一种赌博都是略微对赌场有利，根据大数定律，从长远来看赌场赚钱将确定无疑。

简而言之，要赚钱，赌场不必有好运气，只要有耐心。赌客们也许会把赢的希望寄托在"手气好""幸运数"或是行星连珠这样的幻想上，而赌场则把希望寄托在更确定的事项——大数定律上。

仁慈的罚款

在欧洲坐公共汽车，买票全凭自觉。乘客上车时没人收钱卖票，而是需要乘客自己去售票机买票。偶尔会有查票员来查票，没票的要罚款。

作为一个诚实的人，你已买好车票。等车时，你看到好占便宜的查理正在售票机旁晃荡。你无意中听到了他的自言自语。

"一张车票要 1 欧元。如果我不买票，被查到了，罚款要 10 欧元。不过被查到的可能性大概是 1/20。所以，长远来看，20 次中大概有一次我得交 10 欧元，平均每次坐车只要花半欧元。所以，根据大数定律，长远来看不买票对我来说更便宜。"

带着满意和自得的神情，查理没有买票就上了车。你不想卷入一场争斗，所以什么话也没说。不过，那天晚上你就给本地的交通部门写了一封信，建议他们立即把罚款提高到至少 20 欧元。

算平均：轮盘赌与基诺球

赌场要想利用大数定律来赚钱，得确保每一种赌博游戏都是略微对它有利。一旦失误，使得某一种游戏只是稍稍对赌客有利，那么从长远来看，赌场就可能要损失数百万美元了。

赌场是怎样保证各种赌博游戏都对它有利的呢？赌场会雇佣概率论方面的专家，计算每一种游戏的平均净收益或者期望净收益。

为了搞清楚这一过程，我们拿最简单的轮盘赌为例。标准的（美式）轮盘上有 38 个点，其中 36 个点标记为 1 至 36（交替涂成红色和黑色），另外两个点标记为 0 和 00（都涂成绿色）。轮盘经过专门设计，转动时，记分球以相同的可能性落在 38 个点中的任何一个点上。

轮盘下一次转动时记分球会落在哪里？赌客为此打赌。有许多种不同的打赌方式，赌注也不全一样。比如，赌客可能会赌红点，赌注为 10 美元，那就意味着如果球落在 18 个红点中的其中一个上，他就会赢 10 美元；如果球是落在黑点或绿点上,他就会输 10 美元。

那么,平均来讲是怎样? 38 个点中有 18 个红点,所以这种轮盘赌每玩 38 次就有 18 次是赌客赢 10 美元;38 个点中有 20 个黑点和绿点,因此每玩 38 次就会有 20 次是输 10 美元。因此,玩这种赌博游戏的赌客的平均收益是 $10 \times 18 \div 38$ 减去 $10 \times 20 \div 38$,即 -0.526 美元。也就是说,每次玩这种游戏,赌客平均会输掉 52 美分多一点。

当然,每次玩这种游戏的赌客并不是真的恰好输掉 52 美分多一点,他要么赢 10 美元,要么输 10 美元。只是从长远来看,如果这种游戏玩上许多次,那么每次平均会输掉约 52 美分多一点。大数定律宣告了又一位受害者的诞生。赌场里的上千名赌客都有这个同样的命运,由此确保了赌场的巨额收益。

对于赌博游戏的长远结果,著名的赌徒破产问题提供了另一种思考方法。假设一开始有 1000 美元,你一次又一次地下注,每次都赌红点,赌注为 10 美元。那么,在输掉这 1000 美元之前,你手里的钱会翻倍——就是说,你会赢 1000 美元——这种概率有多大? 由于每一次下注赢的可能性都是接近 50%,你也许会想,在输掉 1000 美元之前赢 1000 美元的概率也会是接近 50%。但实际上,这种概率只有 1/37 650——这实在是小得可怜。所以,如果一直这样下注,那么你几乎不可能会在输掉最初的 1000 美元本金之前,赢上 1000 美元。

那么,其他的轮盘赌下注方式呢? 如赌黑点、奇数点、偶数点、标记为 1 至 18 的点、标记为 19 至 36 的点,其结果与赌红点完全一样。它们都有 18 个点,如果记分球落在上面你会赢,落在其他 20 个点上就会输。所以每次玩这种游戏,你平均都要输掉约 52 美分。

当然,玩轮盘赌还有许多别的方式,有一种是赌 12 个点。赌记分球是落在标记为 13 至 24 的那 12 个点上,赌注为 10 美元。如果赌中了,能赢得 20 美元,而如果球落在别的点上,只输掉 10 美元。

你也许会想:喔,太好了! 如果我赢时是 20 美元,输时是 10 美元,那肯定对我有利。

很不幸,事实并非如此。因为标记为 13 至 24 的点只有 12 个,所以 38 次中只有 12 次你会赢 20 美元,另外的 26 次你会输 10 美元。算下来,这种玩法的平均收益是 $20 \times 12 \div 38$ 减去 $10 \times 26 \div 38$,等于 -0.526 美元。结果与前面相同,仍然对你不利。从长远来看,每次玩这种游戏,你还是平均要输掉约 52 美分,跟赌红点没什么分别。

那么,只赌一个点呢?比如,赌记分球落在标记为 22 的那个点上,赌注为 10 美元。如果真是这样,赢的话能赢 350 美元;否则,将输掉 10 美元。这不错,你盘算道。如果最后能赢 350 美元,那时肯定是你占先了。

可惜没那么容易。球落在 22 号点上,38 次中只有 1 次,另外 37 次球都是落在别的点上。所以你赌球落在 22 号点上的平均收益是 $350 \times 1 \div 38$ 减去 $10 \times 37 \div 38$,等于(你先猜猜是多少)-0.526 美元,跟前面一样。长远来看,每次还是平均要输掉约 52 美分。

表 3.1　几种不同下注方式比较(均为轮盘赌,赌注为 10 美元)

下注方式	赢的可能性	赢的数额(美元)	平均损失(美元)
赌红点/黑点/偶数点/奇数点	18/38	10	0.526
赌 12 个点	12/38	20	0.526
赌单个点	1/38	350	0.526

真该死、设计轮盘赌的人太聪明了。各种赌博游戏经他们设计后,总体看来都对赌场有利;但也不会太有利,否则就没人来赌了。但这一设计足以保证赌场的长期收益,毛利通常能达到总赌资的 1%—3%。赌场的成功全要归因于大数定律。投入的赌资越多,微薄的毛利就会越积越多;每年,全世界的赌场总收益高达数千亿美元。

当然,你也许很走运。轮盘第 1 次转动球(或者第 2 次第 3 次)就落在 22 点,那么,赶紧起身把筹码换成现金回家吧。不过,别把宝押在这种事情上面。

长远来看,赌客输的钱总比赢的钱多。有些赌客可能会赢钱,但平均说来赢钱的总是赌场。事实就是这样。这是规律。

慢是慢,但准赢

大家都知道伊索寓言《龟兔赛跑》的故事。虽然兔子跑得快多了,但它很大意:跑到半路,它决定(因为已领先很多)打个盹。就在它睡觉时,乌龟慢慢地一步步爬了过去,吭哧吭哧,最后得胜。

人们在听到这个故事时,常会责备兔子太不稳重,反复无常并且随意。相比之下,爬得慢又稳的乌龟被描绘成努力工作遵守纪律的模范。这说明生活中只要我们目标明确且坚持不懈,就能成功。

概率的视角能让我们更准确地理解这个故事。大数定律告诉我们,这里的关键点并不在于乌龟和兔子谁更可靠,谁更稳重或更称得上是模范,而在于谁的平均速度更快。长远来看,谁平均跑得更快,谁在赛跑中就一定能赢。

假设乌龟总是以1千米/时的速度稳步前行,而兔子在不打盹时,每小时能跑4千米。那谁能赢得比赛呢?

如果兔子很懒,每5个小时中(平均算来)有4个小时在打盹,那它就麻烦了。这种情况下,每5个小时中兔子只跑了1个小时,只跑了4千米,而慢又稳的乌龟每5个小时能爬5千米。胜利当然属于乌龟!

另一方面,如果兔子(平均算来)只用一半的时间打盹,那么每2个小时中它仍只跑了1个小时,跑了4千米,但同时乌龟却只爬了2千米。胜利属于兔子!

所以,从概率的视角来看,龟兔赛跑的故事讲的并不是什么以勤恳工作为荣,以散漫放纵为耻,而是如何在快跑与打盹之间取得平衡,你只要仔细算算平均速度看谁能赢就知道了。那种错误的解读是对随机性本身毫不掩饰的、有害而且不公正的歧视。

赌场里的另一项游戏是基诺球。对于有80个球的那种玩法来说,赌客先在

1 至 80 的数中选好 10 个数,然后由吹风机在编号为 1 至 80 的球中随机地吹出 20 个球,看它们中有几个的号码与赌客先前选好的数相符,以此来决定这一次赌博输赢的数额。比如,你下的赌注是 10 美元,就要先给赌场 10 美元,如果相符的号码只有 3 个或更少,赌场不用赔你钱;如果有 4 个号码相符,赌场赔你 10 美元;有 5 个,赔 20 美元;有 6 个,赔 200 美元;有 7 个,赔 1050 美元;有 8 个,赔 5000 美元;有 9 个,赔 50 000 美元。要是恰好有 10 个球的号码与所选的 10 个数都相符合,那么赌场就要赔给你一笔巨款:12 万美元。

赌注只有 10 美元,赌场的赔付却可能高达 12 万美元,这听上去很诱人,确实也有助于把赌客引来。不幸的是,由吹风机在 80 个球中吹出 20 个球,可能出现的不同结果总数非常多,约有 4 后面跟 18 个零的一个数那么多。各个结果出现的可能性都相等。20 个球中恰有 10 个号码与你先前选出的 10 个数相符合的结果的总数也很多,约有 4 后面跟 11 个零的一个数那么多,但比前面那个数要少多了。玩基诺球时,有 10 个球号码相符这一可能性就是用后一个数除以前一个数,约为九百万分之一——这种事几乎不会发生。很抱歉!我得说你别指望有 10 个球的号码会相符。

事实上,4 个球的号码相符倒更有可能。出现这一结果的总数有 521 后面跟 15 个零的一个数那么多,用这个数除以所有结果的总数,得到的可能性约为 15%。另外,4 个球的号码相符,相当于只是把 10 美元赌注又拿回来,并没赢钱。5 个球的号码相符才能赢 10 美元,这一可能性约为 5%;至于 6 个球的号码相符,可能性只是刚过 1%。

如表 3.2 所示,按号码相符的球的个数列出的相应的期望赔付数额(用赔付数额乘以赌场向你作出此赔付的可能性)。把各个期望赔付数额相加,得 7.49 美元——这就是玩基诺球时,赌注为 10 美元,赌场赔付给你的总的期望数额。这意味着,玩基诺球时,每次下 10 美元的赌注,平均算来能赢回 7.49 美元。换个说法,就是平均算来会输掉 2.51 美元。结果又一次对你不利。

表3.2　玩基诺球的期望赔付数额(赌注为10美元)

相符的球的个数	概率(百分比)	赔付数额(美元)	期望赔付数额(美元)
0	4.58%	0	0
1	17.96%	0	0
2	29.53%	0	0
3	26.74%	0	0
4	14.73%	10	1.47
5	5.14%	20	1.03
6	1.15%	200	2.30
7	0.16%	1050	1.69
8	0.014%	5000	0.68
9	0.000 61%	50 000	0.31
10	0.000 011%	120 000	0.01
总计	100%		7.49

　　在赌场中所有的赌博游戏中,赌客们在老虎机上投下的赌资是最多的;赌场大约有60%的收益来自老虎机。这一点很奇怪,因为老虎机的运作机制是看不见的,没有会转动的轮盘、弹跳的小球或滚动的骰子,无从直接计算有关的概率。无论老虎机是一种由齿轮和杠杆组成的传统机器,还是一种现代化的、由电脑控制的可视彩票终端,玩老虎机都需要赌客在一定程度上相信赌场不会作弊。

　　老虎机的生产厂商确实也公布过作出各种赔付的概率,这个数值随具体的机器型号而变。不过,常见的说法是,赌客平均能收回所下赌注的88%—95%。也就是说,你在老虎机上每下10美元的赌注,能期望赢回8.80—9.50美元,或者输掉0.50—1.20美元。

掷骰子

　　许多赌博游戏都要掷骰子。尽管没人能断定骰子最后显示的是哪个数,但考虑一下相关的可能性能使我们获胜的机会增大。如果你掷的是一枚普通的正方体形的骰子,它最后会以相等的概率显示出1,2,3,4,5,6中的某个数。但在许多游戏中,同时要掷两枚骰子,然后得出两个数的和。结果可能会是2(掷出一对1)到12(掷出一对6)中的任何一个数。现在各个结果出现的概率还会相等吗?

当然不是。掷两枚骰子,1号和2号,由它们各自显示的数字配成的数对共有36个,如表3.3所示。

表3.3 掷两枚骰子得到的可能的数对

(1,1)	(1,2)	(1,3)	(1,4)	(1,5)	(1,6)
(2,1)	(2,2)	(2,3)	(2,4)	(2,5)	(2,6)
(3,1)	(3,2)	(3,3)	(3,4)	(3,5)	(3,6)
(4,1)	(4,2)	(4,3)	(4,4)	(4,5)	(4,6)
(5,1)	(5,2)	(5,3)	(5,4)	(5,5)	(5,6)
(6,1)	(6,2)	(6,3)	(6,4)	(6,5)	(6,6)

这36个数对出现的概率是相等的。稍加清点就可看出,它们中只有1个数对(1,1)的和是2;这意味着和是2这一结果出现的概率只有1/36。另一方面,有6个数对之和是7:(1,6),(2,5),(3,4),(4,3),(5,2)和(6,1)。所以,和是7的概率为6/36。表3.4所示为掷两枚骰子时,各个和出现的概率。

表3.4 掷两枚骰子时它们的和与概率

和	数对个数	概率	百分比
2	1	1/36	2.78%
3	2	2/36	5.56%
4	3	3/36	8.33%
5	4	4/36	11.1%
6	5	5/36	13.9%
7	6	6/36	16.7%
8	5	5/36	13.9%
9	4	4/36	11.1%
10	3	3/36	8.33%
11	2	2/36	5.56%
12	1	1/36	2.78%
总计	36	36/36	100%

所以，如果掷两枚骰子，最可能得到的和是 7，每掷 6 次就有 1 次，约占所掷次数的 17%。接下来是 6 和 8，每 36 次都有 5 次，各约占总掷次数的 14%。5 和 9 各约占 11%，其他各个和所占的百分比就较小了。特别是 2 和 12，每 36 次各只有 1 次，都不到总掷次数的 3%。

有一种比较直观的方法可以说明为什么 7 是最可能得到的和。不管第 1 枚骰子掷出的是哪一个数，第 2 枚骰子总有某种可能使和为 7。如果第 1 枚骰子是 1，第 2 枚骰子可以是 6；第 1 枚骰子是 2，第 2 枚骰子可以是 5；以此类推。所以，不管第 1 枚骰子掷出的是什么，总有 1/6 的可能性使和为 7。别的和就要差些了。比如，第 1 枚骰子是 1，和就不可能为 8。第 1 枚骰子是 6，和就不可能为 6。

还有一种更好的方法来理解为什么 7 是最可能得到的和，那就又要用到大数定律了。掷一枚骰子，显示的数可能是 1 到 6 中的任何一个，它们的平均值是位于 1 和 6 的正中间的那个数，也就是 3.5（有人会错以为是 3）。所以，掷两枚骰子，得到的和的平均值就是两个 3.5，也就是 7。根据大数定律，最终结果很可能接近平均值；如果是掷两枚骰子，其结果会接近 7。掷的骰子越多，结果越可能接近于平均值。比如，掷 10 枚骰子得到的和可能是 10 到 60 之间的任何一个数；然而，最可能得到的和是 35，而且和接近 35 的可能性比起和是两头那些数的可能性要大得多。

对掷骰子有一些基本的了解能帮助我们在玩与运气有关的游戏时作出更好的决定，增大赢的可能性。例如玩大富翁游戏时，你觉得现在该造宾馆了。这样当对手入住时，就得付钱。

假设你有两个大富翁，一个黄色，一个橙色，都由三项地产构成。一个对手在黄色大富翁的打击范围里，下一轮掷骰子要是掷出 2,3 或 5，就会落在你的地盘上。另一个靠近橙色大富翁，要是掷出 6,8 或 9，同样会落在你的地盘上。那么，你该在哪个大富翁造宾馆呢？

6,8 和 9 都挨着 7,7 是最可能得到的和。相比之下，2,3 和 5 平均看来离 7

要远得多,因而和是 7 的可能性也就小得多。下一轮掷骰子,有对手造访橙色大富翁的可能性非常大,所以聪明的做法是在那儿造宾馆。这样的可能性的分析并不能保证每次游戏你都能称心,但从长远来看确实能帮你赢得更多。

类似的分析几乎适合于所有用到骰子的游戏。近来有一种流行的卡坦岛游戏,游戏的场地是许多上面印有数字的区域。资源是这样来分配的:掷两枚骰子,查看它们的和所指示的那个区域,谁离它近,就给谁发资源卡。有经验的卡坦岛玩家总是聚集在数字 7,8 和 9 的区域周围。这是掷两枚骰子的最有可能得到的和,因而从长远来看相应的区域也最有可能给他们带来更多的资源。

现在,假设你在不断地掷骰子,想让某个数至少出现 1 次,可能性有多大呢?比如,掷 1 次骰子出现 3(或 1 到 6 之间的任何数)的可能性为 1/6,但连着掷 4 次骰子,其中至少有 1 次出现 3 的可能性有多大?

许多人认为答案应该是 4/6,略小于 67%。他们是这样想的,掷 4 次骰子,至少有 1 次出现 3 的可能性应该是只掷 1 次就出现 3 的可能性的 4 倍,但这是不对的。按这种逻辑,掷 6 次骰子,至少有 1 次出现 3 的可能性应该是 6/6,也就是 100%,但是我们都知道并非如此(即使掷了 6 次骰子,也不能保证会出现 3)。问题出在重复计数上面:掷 4 次骰子,假设 4 次都出现 3,这个结果在计数时只能算 1 次,而前面的那种想法却算了 4 次。

掷 4 次骰子,至少有 1 次出现 3 的可能性是这样的。每掷 1 次骰子,没有出现 3 的可能性均为 5/6,所以,掷 4 次都没有出现 3 的可能性为 4 个 5/6 相乘,即 48.2%;而至少有 1 次出现 3 的可能性为 100% 减去 48.2%,即 51.8%。这刚好略大于 50%,比许多人料想的 67% 要小多了。

值得注意的是,现代数学中的概率论正是起源于这一问题。在 17 世纪的法国,有个精明的赌徒贡博(Antoine Gombaud),跟人打赌赢了很多钱。他赌的是掷 4 次骰子,至少有 1 次会出现 6。(我们现在知道这一可能性是 51.8%,大于 50%,所以根据大数定理,长远来看他肯定能赢钱。)他又试着把游戏改成同时掷两枚骰子,连掷24次,赌至少有1次会出现一对6。他是这样想的,掷两枚骰子,可能会出现的数对有36个,每个数对出现的可能性都是1/36,又由于24/36等于4/6,所以两个游戏其实是一回事,他照样能赢钱。然而,事实上他赢得后一个游戏的可能性正确算来应该是100%减去24个35/36乘在一起,即为49.1%。这个结果略小于50%,可怜的贡博开始输钱了。大数定律以前让他发财,现在却让他成了受害者。

困惑中的贡博向法国的数学家、哲学家帕斯卡(Blaise Pascal)求教。帕斯卡又与法国卓越的数学家费马(Pierre de Fermat)商讨。费马是图卢兹的政府官员、律师,后来提出过让许多数学家伤透脑筋的费马大定理。他们两人间的通信现在被认为是历史上尝试用数学语言正式研究概率和不确定性的开始。

稀奇古怪的双骰子游戏

赌场里还有一种稀奇古怪的双骰子游戏,它的规则比较复杂,有关的概率计算也很有趣。这种游戏的玩法是掷两枚普通的正方体形骰子,计算所得到的和。如果和是2,3或12,玩家就输。如果和是7或11,玩家就赢。如果和是别的数(比如4),那这个数就成为玩家的"设定点"。接下来由玩家不断地掷这两枚骰子,直到其和要么等于设定点——此时算玩家赢,要么等于7——此时算玩家输。

概括说来,第1次掷(即初掷)时,和为2,3,12(即垃圾点)就输,和为7,11就赢;而和为其他数则开启了一场比赛直到掷出7(即掷7出局)。如果玩家下了10美元的赌注,要是赢了,就赚到10美元;要是输了,就损失10美元。

刚听到这些规则,大多数人的反应是这种双骰子游戏既奇怪又复杂。这些规则是打哪儿来的?双骰子游戏起源于英国的一种古老的掷骰子游戏,这种游戏在传到法国后产生了一个变种,这一变种又在美国的河船及赌场中逐渐演变成现在这样。(人们相信,双骰子游戏的名称"Craps"本应为"Crabs",英语土话系指掷出一对 1,是法国人拼错了。)这些特殊的规则到底是怎么回事呢？

要回答这个问题,我们还是得算一算——你肯定猜到了——概率。根据大数定律,我们已经知道赌场的基本准则:赌场里的各种赌博游戏都应对赌场有利,以保证长远来看赌场能赚钱;当然也不能太有利,否则就没人玩了。双骰子游戏是怎么做到这一点的呢？

从表 3.4 可知,初掷时和为 7 或 11(此时玩家立即算赢)的概率是 8/36,约 22.2%;另一方面,初掷时和为 2,3 或 12(此时玩家立即算输)的概率是 4/36,约 11.1%。所以,初掷赢的概率是输的两倍。

这样看来好像还不错,但还有 66.7% 的机会初掷时和为别的数,这又会发生什么呢？这种情况就复杂了。因为初掷时得到的和成为整个比赛的"设定点",之后赢的概率取决于这个设定点到底是多少。初掷时和是其他数时赢的概率应这样来算,将若干项相加,每一项为两个因子相乘,一个因子是初掷时得到的那个和(1、4、5、6、8、9、10)的概率,另一个因子是在已知设定点等于那个和的条件下,往后会赢的概率。

这样相乘再相加就可以算出,在玩双骰子游戏时,赢的概率是 244/495,约为 49.2929%,比五五开刚好要小一些。

这意味着玩双骰子游戏时,如果你下了 10 美元的注,那么有 49.2929% 的概率能赚到 10 美元,有 50.7071% 的概率会输掉 10 美元。平均收益是 10 × 49.2929% 减去 10 × 50.7071%,等于 −0.141 美元。所以,如果你连续玩这种双骰子游戏,那么长远来看,每下 10 美元的注,平均就会输掉约 14 美分。虽然结果只是对玩家稍微不利,但大数定律表明了,这一结果长远来看仍足以让赌场赚到很多很多钱,而这也正是所有的赌客一起输掉的钱。

那么,玩双骰子游戏的规则是怎么形成的呢？如果游戏玩下来是对玩家有利,赌场要输钱,它们必定会修改规则;但如果对赌场太有利,玩家就会丧气,最终不玩了,赌场最后也必须修改规则。就这样经过充分的调整,赌场最终定下来的规则使玩家赢的概率刚好低于 50%，既保证了玩家的兴致，又保证了赌场有稳定的收益。

双骰子游戏比较有趣的另一面是，能把围观的人牵扯进来。作为主角的一个玩家掷骰子（即骰家），其他玩家也可以参与各种边注。边注的结果决定于骰家掷出的点是什么。（赌场中经常会听到玩双骰子游戏的桌子传来一阵阵欢呼声。这可不是围观的玩家在表达对骰家的深厚感情，而是在欢呼自己参与的边注赢了。）

有一种边注特别吸引人（至少对概率论学者来说）：围观的玩家可以赌骰家输。这种边注的正式名称是"不通过线注"（Don't Pass Line）。相应的规则为，如果你下了 10 美元的不通过线注，若骰家输了，你就能赚到 10 美元；若骰家赢了，你就损失 10 美元。

赌骰家会输，这看来也许很无礼，甚至会被认为怀有敌意，但这似乎也给玩家提供了一个利用赌场的稳定收益来赚钱的机会。如果赌一位玩家会输，你岂不是与赌场站在同一方。由于长远来看赌场肯定会赢，你岂不是也能由此获利？

不要扔下书立即跑去赌场。你也许想到了，里头还有花招呢。对于"不通过线注"这种边注另外设了一条小小的微妙的规则。如果骰家初掷就掷出 12，他当然是输了。可是，在这种特殊的情况下，虽然骰家输了，但你参与的"不通过线注"却不算赢，只能算平：你下的 10 美元赌注分文不动还给你，但也不会再赔付你 10 美元。

这有什么了不起！你也许会想。毕竟，骰家初掷为 12 的概率只有 1/36。而且，就算掷出了 12，你实际上也没有损失，所下的 10 美元赌注还给你了，你还可以继续赌呀。这条规则又有什么害处呢？

不幸的是，就这么一条特殊的规则已足以把"不通过线注"的边注从有利于玩家变成了有利于赌场。这条规则意味着，36 次中有 1 次你会错失本该到手的 10 美元。所以，你的平均收益会减少 $10 \times 1/36$，也就是 0.278 美元。

27.8 美分不算太多。但不要忘了，每次玩双骰子游戏，玩家平均要输 14.1

美分,赌场平均要赢 14.1 美分。所以,玩"不通过线注"的边注,每下 10 美元的赌注,你的平均收益就是 14.1 美分减去因那条规则所损失的 27.8 美分。总的来说,你平均将会损失 13.7 美分。

所以,"不通过线注"这条边注是不利于玩家的。那条修改过的小小规则足以保证,无论你是玩双骰子游戏本身还是参与"不通过线注"的边注,平均算来都要输钱。实际上,不管哪种赌博游戏,结果都是对玩家不利,如表 3.5 所示。

表 3.5　各种赌博游戏中玩家的平均损失(赌注为 10 美元)

游戏名称	平均损失(美元)
轮盘赌	0.526
基诺球①	2.51
老虎机	0.50—1.20
双骰子游戏	0.141
不通过线注	0.137

当然,双骰子游戏还允许其他边注。它们的名称颇为奇特,比如"不来注"(Don't Come bets)、"建议注"(Proposition bets)、"押难"(Hardways)等。其中有些很复杂,有关的概率也不是很好算。

但是,即使没有算出任何概率,你也应该能断定,不管是哪种赌博,平均说来玩家都要输钱。毕竟,赌场不是傻瓜:它们聘请专家来把关,保证每一种赌博、每一次赌博都略微对自己有利。这也就是长远来看赌场有稳定收益的原因。

赌博的诱惑

"快来快来,"招揽赌博的人大声吆喝道,"赌博发大财。来个轮盘赌怎样,先生?就在上一星期,有人玩轮盘赌,赚了 1 万美元!"

你有礼貌地拒绝了,声言玩轮盘赌从长远来看结果对玩家不利。

"那就玩基诺球怎么样?或者玩双骰子?"你解释说你知道玩那些游戏结果

---

① 这里的基诺球指前文描述过的那种;其他玩法的基诺球,结果可能不一样。——原注

都是对玩家不利。

"好吧，"吆喝的人继续说，"我明白了，那一类游戏对你这个聪明人来说是太简单了。为什么不玩一玩我们最新推出的转、滚、掷、吹样样有的游戏呢？轮盘、骰子、硬币、吹风机结合在一起，非常复杂，结果是你绝对想不到的。玩玩这种游戏，怎样？"

你环顾赌场，看到闪闪发亮的金质饰物、豪华舒适的高级地毯、免费取用的酒水饮料，还有数百个收入丰厚的工作人员。你就知道老板的收益少不了。这也就意味着所有的游戏玩下来都是对玩家不利，至少是稍稍不利。

"我不这么认为。"你回答道，随即离开赌场，去跳摇摆舞了。

生活离不开大数定律

一旦理解了大数定律——长远来看随机性会互相抵消的准则，我们就能发现，日常生活中的许多方面都会出现它的身影。

例如，我们中的大多数人都喜欢征求别人的意见（医生或朋友），阅读多份报纸，咨询多位股票经纪人，为什么呢？答案很简单：单个医生（或朋友或报纸或经纪人）可能会出错或有偏见或不够聪明或仅仅那天不顺心，而把更多的主意、事件或结果平均起来，随机性就会更好地互相抵消，作出的结论也就更有把握。所以，每次寻求他人的意见时，你实际上就是在以某种方式应用大数定律。

同样，大数定律能用来解释事情的原因。只玩一次纵横填词游戏，谁都可能会赢；但若玩上许多次，最好的选手就会脱颖而出。只掷那么几次硬币，什么结果都有可能；但若掷上许多次，就会有约一半的结果是正面朝上，另一半结果是反面朝上。只买一种股票，可能会赚也可能会赔很大一笔钱；但若买上许多种股票，你的收益就会紧随整个股市的趋势变化。在每个交叉路口你都可能会碰到红灯，但总的来看交通信号灯对待每位司机都一样。在面食上只撒一粒盐，它可能会落在任何一个地方，但若不断地随机撒下盐粒，它们就会均匀地分布在整盘面食上。房间里有数以亿亿计的氧气分子,你每次呼吸周围都有足够多的氧气分子被吸进去,它们并不全躲在床底下。依次类推,当我们取平均的范围越来越大时,玩游戏或掷硬币或股票波动的随机性就会趋向于互相抵消。

不管你多努力,要避开大数定律也很难。最近我和妻子去一个冬季游览胜地度假,我想从概率论学者的角色中解脱出来。我泡在室外的一个白雪环绕的温泉池里放松,水面冒着蒸汽,我突然注意到水中缓缓地漂过一个化学药物散布器,正往外散布着杀菌剂以及别的什么东西。在任一时刻,这个散布器可能会出现在池中的任何一个地方,但随着时间的流逝,经过足够多随机的推拉和扰动,这个散布器就会周游整个水池,由大数定律就可以确信杀菌剂会均匀地散布到水池的各处。即使在度假,概率论也在缠着我。

长远地平均地看问题这一准则也可应用到许多别的领域。这一准则能解释很多问题:玩扑克牌时,策略上的小小变化怎么会对整晚玩牌的总体结果带来很大的影响;为什么医学研究有时能证明一种疗法比另一种疗法更高明;民意调查人员又是怎么能断言“这些结果的准确性在 4 个百分点以内,20 次中有 19 次会这样”。

这么说来,大数定律能解决与概率有关的任何问题吗? 不,还不能。关于如果过于依赖长远会怎样,著名经济学家凯恩斯(John Maynard Keynes)说过这么一段话:“这种‘从长远来看会如何如何’的观点是对当前事情的误导。从长远来看,我们都死了。在暴风雨多发季节,如果经济学家们只能告诉我们当风暴远去以后海面就会重归平静,那他们给自己布置的任务就太简单、太无用了。”

凯恩斯说得有道理。正如运动员“通常”表现好还不够——他们在超级碗(美国橄榄球联盟的年度冠军赛)或奥运会中表现好才最重要,只知道经济状况从长远来看会改善还不够——短期内会发生什么也很重要。尽管存在这样的局限性,对概率作长远分析仍有重大的好处和作用。从赌场到事物的演化,从民意调查到玩扑克牌,大数定律让我们深入地理解了随机性的长远效果。

桥牌、扑克和
21 点中的概率

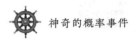

尽管生活中已经充满了不确定性,但人们遇到的随机性似乎还不够多,我们还是喜欢玩与运气有关的游戏来过瘾。扑克牌、骰子还有会转的轮盘用来给比赛增添不确定性,让比赛变得更刺激,更好玩。但如果你很渴望赢得比赛,应该怎样应用技巧和逻辑来对付这些运气游戏中蕴含的随机性呢?

大数定律提供了部分答案。它告诉我们,从长远来看,赢得最多的人是每次玩游戏时赢的概率最大的人。所以,在玩与运气有关的游戏时,你的目标应该总是放在作出某种决定并采取某种策略以增加赢的概率上。这样做虽不能保证每次玩游戏都赢,但长远来看定能让你得到满意的回报。

对于非随机性的比赛,也常因概率的不同而一分高下。例如,波士顿凯尔特人队的篮球巨星伯德(Larry Bird)以出众的罚球技术而著称。即便这样,伯德的罚球也时中时不中。我在学生团体内部组建的低水平篮球队里打球时,罚球也时中时不中。那么,伯德和我有什么差别呢? 概率不同! 在伯德的整个职业生涯中,罚球命中的概率是 88.6%,包括 1989—1990 年的 NBA 赛季,他曾创下连续 71 次罚球都中的惊人纪录。可是,我罚球命中的概率不会超过 50%(实际上也许更低,我们就不细究了)。尽管伯德和我都在 1980 年代罚过球,而且罚中与否也都是随机的,但伯德罚中的概率比我的要大得多。

再看看保龄球吧。冠军队的保龄球选手大概每三次击打就有两次能获得全倒,而像我这样的平庸之辈每三次击打还不能获得一次全倒。保龄球比赛中没有什么过人、防守、一对一较量之类。所以,打保龄球就像篮球罚球,长远来看,赢家与输家之间的差别只是概率不同的问题。

桥牌

桥牌是一种复杂的牌类游戏,它有许多不同的方面,包括要花多年才能掌握的叫牌规则。然而,打桥牌也要用到相当多的概率知识。好的桥牌选手知道各种不同打法成功的概率,并且总是挑最有希望的那种打法,以增加赢的概率。

打桥牌时,由叫牌决定哪位选手成为"庄家"。庄家能看到自己的13张牌(那当然),还能看到搭档的13张牌。然而,另外26张牌就看不到了,它们随机地分发给了另两位对手。庄家在决定什么时候打什么牌时,她并不知道哪位对手有哪些牌。

有一种典型的情况可能需要庄家猜测哪位对手有黑桃K(桥牌中K的地位仅次于A)。如果猜对了,她就能用一种叫飞牌的桥牌技巧(诱惑那位对手打出K,然后用自己的A去压它)赢得额外的一墩,进而定约成功。但是如果猜错了,她就会输掉这一墩,定约也就失败了。她该怎么做呢?

新手可能只会瞎猜,猜对的可能性是50%。但细心的高手会去找线索来推断那张K到底在哪里。如果有位对手前面叫过牌,就表明他有许多大牌,那张K也更有可能在他那里。另一方面,如果一位对手看来有很多红桃,就意味着他的黑桃比较少,拿到黑桃K的可能性就比较小。聪明的选手通过细心地寻找线索,能把成功的可能性从50%提高到60%或70%,甚至更高。这样的提高对于桥牌的每一局来说只有很小的影响,但从长远来看,却能把强手从众人中分别出来。

尽管好的桥牌选手能提高成功的概率,但仍有许多随机性需要克服。将52张一副的扑克牌(去掉大小王)分发给4个人,每人13张,分配方式的总数大得惊人——比1后面跟28个零这样的一个数还要大。这当中有的分发结果对选手有利,有的对选手不利。根据大数定律,长远来看,优秀的选手会赢得更多。即使水平再高,要抵消掉因牌的分配而产生的随机性仍得经过很长时间的训练。

为了解决这一问题,严肃的玩家会选择打复式桥牌——桥牌的另一种打法,每队有4人参赛。比赛中,牌经过(比赛的组织者)仔细分配,坐在同一位置(北、南、西或东)打牌的所有选手拿到的都是同样一手牌。所以,如果在这一局中,你坐在北边,拿到的牌是黑桃 A 和 Q,方块 10 等,那么在另一局中,我坐在北边,拿到的也是这样一手牌,来对抗其他队的选手。比赛结束后,我们就能看出同样一手牌,谁打得更加高明。像这样去除了很多随机性之后,选手们的技术也就能更容易发挥出来。严肃的桥牌玩家喜欢打这种桥牌,这样能更准确地衡量自己的打牌水平,从而不寄希望于得到一手好牌的运气。但新手常常觉得打复式桥牌压力更大,因为当他们输掉比赛时就不能怪牌不好了。

那么,复式桥牌能完全避开运气的成分吗?不能。即使不同的选手拿到同样的牌,但由于看不到对手的牌,某些打牌的策略仍会碰巧比另一些更有效。当然,复式桥牌还是大大消除了随机性。但无论一般打法的桥牌还是复式桥牌,大数定律都保证了,长远来看最好的选手总会赢得最多。只是对复式桥牌,大数定律起的作用会快得多,好的选手也会更快地脱颖而出。

关于桥牌的争论(一个真实的故事)

我曾对一位很严肃的桥牌玩家说,虽然打复式桥牌主要是靠技术,但运气的成分仍不可避免。他立即跳起来反驳道:"打复式桥牌完全不靠运气。"

"哦,是吗?"我不甘示弱。"假设某次飞牌成功的概率只有35%,你没有试,但另一位牌技较差的选手贸然试了一下,却成功了。"

这位严肃的玩家嘲笑说:"如果飞牌成功的概率只有35%,某人一试却灵,那说明不了什么,那完全没有意义。他只是凭运气!"

我笑了,没有说话,而这位严肃的玩家也渐渐意识到他刚好证明了我的观点。

扑克的魅力

没有哪种与运气有关的游戏能像扑克那样征服大众的想象,从《虎豹小霸王》到《赌侠马华力》,用扑克牌来一决胜负已成为诸多西部片中的典型场景。心理上的尔虞我诈,硬汉般的故作姿态,冷酷的一言一语,偶尔还有六响左轮手枪来助阵,所有这些合在一起造就了扑克牌的娱乐价值。这样的描述突出了扑克牌游戏中的竞争、心理以及经济层面的特征——这些当然都很重要。不幸的是,最重要的一面却被遗漏了,那就是概率。

在许多电影中,最后一局牌是被这么一位狠角赢得,他的牌是同花大顺:同一花色的 10,J,Q,K 和 A。这种结果真的合理吗? 实际上,发 5 张牌,不同的结果共有约 260 万种,其中只有 4 次同花大顺(每样花色一次)的机会。所以,最后一局牌发到同花大顺的概率大约只有二百六十万分之四,即六十五万分之一。这是极其少见的。而且,撇开娱乐大众不谈,任凭多么毒舌或恐吓(除非公然作弊),也无法改变这一概率。而且,从最强悍的牛仔到最狡猾的老手,再到最幼稚的新人,得到 5 张牌恰好是同花大顺的概率对谁都一样。

当然,扑克牌也有许多不同的玩法,有些配有百搭牌或可以任选额外的牌,有些还允许相互换牌等。这些变化自然也让所有的概率不一样。比如,若百搭牌足够多,甚至连同花大顺的出现也不再是那么不可企及。尽管如此,概率对每个人来说还是一样的。并且,玩牌的成功之路不在于每一局牌都能变魔术般地发到同花大顺,而是在于发牌后,认清有关的概率,并作出适当的决定。

假设你在玩 5 张牌的梭哈游戏(也称"沙蟹"),每位选手发 5 张牌(没有额外的牌或百搭牌)。假如你已发到 4 张黑桃,还有 1 张牌没发。如果第 5 张牌也是黑桃,那你这手牌就是同花(5 张牌都是同一花色),这可是一手非常好的牌,也许能让你赢得彩池中的所有赌注。另一方面,如果第 5 张牌不是黑桃,那这手牌就非常弱了(充其量也不过是有一双对子),你可能就要输了。所以,一切都归结为第 5 张牌是不是黑桃。

那么,成功拿到黑桃的概率有多大? 如果牌洗得很好且无人作弊,那么随后发牌时,你尚未看到的每一张牌发给你的可能性是相同的。你已看到了 4 张牌,还有 48 张牌没看到,其中有 9 张是黑桃。这意味着下一次发给你的牌是黑桃的概率为 9/48,即约为 19%。这一数字相当低,所以这时你也许应该选择弃牌(当然是否要这样做还得看彩池的赔率,后面再谈)。

要说的都说完了吗?不。在许多扑克牌游戏中,有些牌是正面朝上发的,这样每个人都能看到。例如,就通常的那种5张牌梭哈来说,每位选手发到的牌,除第1张以外,其他选手也都能看到。现在我们再来考虑一下上面提到的同花的情况。你已发到4张黑桃,正等着发第5张牌。假设你是与另外9位对手围桌而坐,他们每人手上都有3张牌是正面朝上的。这样,你看到的牌又多了27张,没看到的牌只剩下21张。如果对手们正面朝上的牌中没有1张是黑桃,那么在你没看到的牌中仍有9张是黑桃。所以,这时要发给你的第5张牌会是黑桃的概率就增加到了9/21,即43%——比前面的19%要大得多。同样,如果那27张牌中有7张黑桃,那你没看到的牌中只有2张是黑桃,那么概率就要减少到2/21,即9.5%——这就更糟糕了。

再举一个例子。假设你已拿到的4张牌是5,6,8,9。如果下一张牌是7,那这手牌就是顺子(5张牌正好相连),这是一手好牌,可能会赢。那么,第5张牌是7的概率有多大呢?整副牌中只有4张7。所以,要是别的牌你全没看到,这一概率就是4/48,即约8%——非常低。即使你能看到别的27张牌且都不是7,这一概率也只有4/21,即19%。因此,你"发到内听顺子"的梦想实现的概率并不大。

另一方面,如果你已发到的牌是5,6,7,8,那么再来一张4或9都能连成顺子。这时,成功的概率就是先前的两倍。这叫"发到边张顺子";许多玩牌的好手都知道,这一梦想实现的概率是"发到内听顺子"的两倍。

所以,尽管影片中打牌的人忙着怒吼、放狠话、嚼烟草,真正的扑克牌玩家做的却是仔细地检查他们看到的每一张牌,包括对手打出的"不重要的"底牌。他们用所得到的信息进行计算,修正自己成功的概率,以便作出更好的选择。没错,心理因素——如虚张声势、故意泄露以及不动声色等——也很重要,但对于正经玩扑克牌来说,概率才是关键所在;谁忽视它,谁就要自担风险。

最后的对决

你在玩 5 张牌的梭哈游戏,发给你的头 4 张牌中有 3 张是 Q。与此同时,对手的 4 张牌中正面朝上的为 2 张 5 和 1 张 4,另有 1 张正面朝下,无法看到。他下了很大的赌注,所以你盘算他的那张正面朝下的牌也可能是 5。即便如此,3 张 Q 要大过 3 张 5,所以你还不怎么担心。唯一的问题是,如果他的第 5 张牌又是 1 张 5 或 1 张 4,那他的这手牌就增强了,可以击败你。

对手啪地甩出 1000 美元,向你挑战敢不敢跟进。怎么办?你有可能击败他,但如果他那最后 1 张牌恰好又是 5 或 4 呢?

你开始利用概率了。就算对手那张正面朝下的牌是 5(实际可能不是),仍有 44 张牌(52 − 8)没有看到。这其中只有 4 张牌——最后那张 5 与另外 3 张 4——可以增强对手的牌力,而真的出现这一结果的概率立即就能算出,只有 4/44,即 9.1%。这没什么可怕的。

此外,你注意到,你那"不重要的"第 4 张牌(除了那 3 张 Q 以外)恰好也是 4!这样,于对手有利的、未见到的牌就从 4 张减少到了 3 张。对手击败你的概率现在变成了只有 3/44,即 6.8%。(此外,即使他真的又发到了 1 张 5 或 1 张 4,你那最后 1 张牌也有小小的概率会是 Q 或 4,你的牌力同样也会增强,你还是能击败他。)这么看来,你能稳操胜券呀。

对手正朝你怒视呢,他想威胁你弃牌,但你欣然地报之以一笑,跟进他下的 1000 美元赌注(甚至也许会加注)。他那最后 1 张牌结果是 8,于是你就一路笑着去了银行。

一旦弄清了扑克牌中的概率,该怎么相机行事?是弃牌、跟进还是加注?这一问题非常微妙,都能写出(并且已经写出)整本的书来分析最好的决策是什么。不过,有一条基本的准则,即彩池赔率。

具体的做法是这样的。假设你已算出,比如在前面第 1 个同花的例子中,赢的概率是 19%。(这里假定如果你那一手牌真的是同花,你肯定赢。实际当然

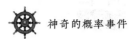

未必,现在姑且这么假定吧。)此外假设赌注是 10 美元,彩池中已有 300 美元。(当然,这 300 美元中有些原本就是你的钱,但那说明不了什么;此刻它是属于彩池,而不是你。)问题是,你该跟进这 10 美元的赌注还是弃牌?

如果弃牌,你就不必再拿出 10 美元的赌注,但你也别再想染指彩池中的 300 美元。一切到此结束。如果跟进,那你得立即拿出 10 美元的赌注,但只有 19% 的概率赢得彩池中的全部 300 美元,外加所下的 10 美元赌注。由于 310 美元的 19% 是 58.90 美元,这意味着平均算来,你若跟进,就能赢回 58.90 美元。58.90 美元比 10 美元要多得多,所以跟进继续玩下去,对你有利。当然,有 81% 的概率会又输掉那 10 美元赌注,但有 19% 的概率能赢得彩池中的一大笔钱。总的说来,冒险跟进还是值得的。从长远来看,玩扑克牌时遇到此种情况,选择跟进比选择弃牌让你获利更多。

作一比较,假设彩池中只有 30 美元,那么平均算来能赢回 40 美元的 19%,即 7.60 美元。这比你若跟进得再拿出的 10 美元要少。所以这种情况下,应该弃牌。这样看来,问题完全在于彩池的赔率。

如果密切注意概率及彩池的赔率,选择就会更明智;长远来看,扑克牌也会玩得更好。另一方面,在某些扑克牌游戏中——从电影中的最后对决到世界扑克巡回赛,选手们会在一局牌中投下巨额赌注。他们常常会在单单某一局牌中选择"全押",即押上全部财产——也许有一百万美元或更多。有些人对如此巨额的赌注印象深刻,他们认为那些赌客表现出了非凡的勇气、力量和信心;但我不会。我觉得,动不动就把自己所有的钱都押上的人是想避开时间的考验,想避开让大数定律来衡量他们玩牌的真正技术水平。

取舍有时

时下很流行一种德州拿住扑克(Texas Hold'em),即德州扑克。每位选手先发两张牌,正面朝下。随后陆续发出另外 5 张牌,正面朝上,摆在桌子当中,为公共牌。这5张公共牌的发牌顺序为,先发出3张(称为翻牌),然后发出1张(称为转牌),最后再发出1张(称为河牌)。每次发牌后,需立即下注。一旦赌注下好,尚未弃牌的选手可以从他们能看到的7张牌(自己的2张正面朝下的底牌,加上另外5张正面朝上的公共牌)里任选5张牌。有时候,所有选手都看中了那5张正面朝上的牌,那大家就平分彩池中的赌注,但大多数时候,获胜的选手是从公共牌中精心选出3张,与自己的2张牌拼在一起。

这种德州扑克很吸引人,因为除了公共牌以外,别人的牌都是正面朝下,是看不到的。很难知道对手要做什么,他们是否有一手好牌。如此一来,就激起了大量的欺骗、猜测以及心理对抗等——事实上,玩这种牌时,很多严肃的选手会戴上太阳眼镜,免得被人"读出"什么信息或泄露什么秘密。但就算这种德州扑克,从长远来看,成功的关键还是在概率上。

一旦头2张牌已经发出,好的选手就开始评估自己的机会了。大牌(特别是A和K)比小牌好,同一花色牌(也许能组合成同花)比不同花色牌要好,对子比配不成对的单张牌要好。当然,要说很有把握还为时尚早,不过,概率的苗头已经可以看出来了。

通过电视看世界扑克巡回赛的观众会注意到,比赛一开始,每位选手才刚刚发好2张底牌,屏幕上有时就会立即列出各人赢的概率。换句话说,电视台一看到每位选手的头2张牌,就能明确算出各人最后赢得这一局牌的概率(假定没人弃牌)。

这些概率怎么算出来的呢? 倒也不难。这要在计算机上运行一个程序,考虑尚未发出的那5张正面朝上的公共牌的每一种可能情况,并计算出每位选手相应的胜率。这似乎是一项无法完成的任务,但其实不然。从一副52张的扑克牌中(没有王牌)挑选5张,可能得到的结果总共有260万种;这听上去很多,但一台运行较快的计算机能非常迅速地将所有的结果浏览一遍。此外,两位选手一旦各发了2张牌,整副牌就只剩下48张,从中挑选5张,可能得到的结果就降至170万种。所以,在以分钟甚至以秒计的时间之内,表格就能列出来,显示出当已知每位选手发到的 2 张牌后各人最终赢得这一局牌的概率。电视屏幕上列出的概率正出自这样的表格。

即便没有计算机、表格及电视,你对自己赢的概率也可有所知晓。例如,假设你已发到的 2 张牌是较小的红桃。由于牌小,你很有可能会被较大的牌或较大的对子击败。不过,如果那 5 张公共牌里有 3 张或更多张红桃,你就可以拼成同花,就有了赢的可能。能拼成同花的概率有多大呢?

你只能看到自己的 2 张牌,整副牌中还有 50 张你看不到,其中有 11 张红桃,有 39 张非红桃。从 50 张牌中挑选 5 张,结果总共有 2 118 760 种,每种结果出现的概率都一样。以 5 张牌中有几张红桃来分类,相应的数据如表 4.1 所示。

要拼成红桃同花,还需要 3 张红桃。所以,把表 4.1 中列出的 5 张牌中有 3 张、4 张或 5 张红桃的概率加在一起,得到的就是最终成功的概率,即 6.4%。事实上,这个概率很小,如果对手下了很高的赌注,你就没有必要再玩下去。

表 4.1　已发到 2 张红桃且还会出现红桃的张数及相应的概率

红桃张数	结果总数	概率(百分比)
0	575 757	27.2%
1	904 761	42.7%
2	502 645	23.7%
3	122 265	5.77%
4	12 870	0.61%
5	462	0.02%
总计	2 118 760	100%

另一方面,假设你看到了头 3 张正面朝上的公共牌,而且令人高兴的是其中有 2 张红桃,这时你想跟进。那么,事情就更有希望了——只要最后 2 张正面朝上的公共牌中有 1 张红桃就行。最终成功的概率有多大?眼下你看到了总共 5 张牌(两张在你手上,3 张是翻牌),当中有 4 张红桃。你还有 47 张牌没看到,当中有 9 张红桃。从 47 张牌中选 2 张,结果总共有 1081 种。这里面,有 36 种可能性选出的 2 张牌全是红桃,有 342 种可能性有 1 张红桃。所以,能让你拼成红

桃同花的结果有 378 种,因此成功的概率就是 378/1081,即 35%。真不错!也就是说,如果你已有 4 张红桃,还有 2 张牌没发,那么能拼成红桃同花的概率是 35%。要是彩池赔率还可以的话,你应该跟进。

对于这个例子,若再假设转牌(第 4 张正面朝上的牌)不是红桃,那要拼成红桃同花就只剩一条路了。在 46 张你没见到的牌中,有 9 张红桃。所以现在成功的概率只有 9/46,即 19.6%,有些低了。弃牌与否,还要看赌注下得怎样,还有几位对手以及你认为对手的牌会有多好。

当然,要在牌桌边算出这些概率是困难的。不过,你可以应用各种实践经验作粗略估算。还是假设你已有 4 张红桃,正盼着最后 2 张正面朝上的牌(转牌与河牌)中至少有 1 张红桃。你知道没看见的牌还有 47 张,其中 9 张是红桃。所以下一张发出的牌是红桃的概率为 9/47。又由于等着发出的牌共有 2 张,所以它们中至少有 1 张是红桃的概率就约有 2 倍大了,也就是 18/47。(实际上,18/47 等于 38.3%,离 35% 即概率的精确值确实很近。误差来源于 2 张牌都是红桃的结果计数了两次,这种结果出现的概率正好是 36/1081,即 3.3%。)18/47 少于一半,但比 1/3 要大,所以,你又得到一张红桃的概率还是比较大的,但比五五开要小。对概率作出了这样的估计之后,再看看彩池赔率,并适当地采用一些心理战术,你就能更有信心地决定下一步该怎么做了(弃牌、跟进或加注)。

简单地算算概率的大小再加上一些实践经验,能让选手对自己的成功机会有所了解。要是再结合考虑一下彩池的赔率,那玩牌时作出决定的能力就能得到明显的改善。概率论虽不能完全取代玩扑克时的虚张声势以及心理战术,但它肯定是有帮助的。

21 点

赌场中流行的另一种扑克牌游戏是 21 点。玩家不断作出决定,是要庄家再发给他一张牌(称为"拿牌")还是不要(称为"停牌")。玩家若停牌,庄家就给自己发一张牌。最后,玩家和庄家比较各自手中牌的总和(有头像的牌算 10,A 算 1 或 11 看情况而定)。在总和都没有超出 21 时,谁离 21 更近,谁就赢。比如,如果你的牌是 K,6,3,A 各一张,总和就是 20;如果庄家的牌是 Q,5,4 各一张,他的总和就是 19。这一局你赢了。

21 点的规则随赌场的不同而略有变化,但通常都包含以下几条:

• 庄家发出的头一张牌是明牌,即便之前你还未决定是拿牌还是停牌。

• 如果你和庄家各自手上的牌的总和都没有超出 21,谁的总和更大,谁赢。

• 如果你和庄家牌的总和相等,这一轮就算平,你下的赌注退还给你。

• 如果你发到的头两张牌的总和恰好是 21(比如 1 张 A 和 1 张 Q),那就以你下的赌注的 1.5 倍赔给你,而不管庄家手上的牌如何。

• 如果愿意,玩家还可作出有利于自己的各种选择。比如,分牌(若头两张牌一样,可以把它们分开,玩两手不同的牌),双倍下注(拿到头两张牌以后,可以把赌注加倍,然后只能再拿 1 张牌),保险(如果庄家发出的第 1 张明牌是 A,你可以再加注,赌下一张牌是 10 或有头像的牌),放弃(立即停牌,只损失所下赌注的一半)。

• 庄家别无选择,只能一张张牌发下去,直到自己手上的牌的总和等于 17 或更大,这时他就必须停牌了。(在有些赌场里,如果庄家自己手上的牌的总和是"软 17"①,如牌为 A－6 或 A－4－2,他要再给自己发 1 张牌。)

乍一看,这些规则似乎非常公正。谁的牌的总和更大(没有超出 21),谁就赢,对于平局的处理也无可挑剔。此外,玩家还享有某些特殊的权益,比如总和为 21 时会得到额外的赔付,玩牌时可作各种别的选择;而庄家则必须按预定好的程序别无选择。总的说来,规则似乎是对玩家而不是庄家有利。然而,各地的赌场却能从 21 点上赚到丰厚的利润。这是怎么回事呢?

---

① 所谓软 17,就是手上的牌含有 A,且将 A 视为 11 点时,所有的牌之和不大于 17。——译注

事实上,奥妙在于如果玩家的牌总和超出了 21 就算他输,而不管庄家的牌如何。换句话说,如果双方各自的牌总和都超出了 21(或若游戏再玩下去将要超出 21),就算庄家赢。这是唯一对赌场有利的规则,但有它就够了,足以让钱财滚滚而来。

虽然 21 点给玩家提供了很多选择,但核心是何时停牌何时拿牌。显然,如果你的牌总和是 11 或更少,你得拿牌。如果总和是 20 或 21,你得停牌,但如果你的牌总和是 15,又该怎么办呢?在这种情况下,如果拿牌,可能会发到一张 5 或 6,那么牌更好了,但你也可能会发到 7 至 K 之间的某一张牌,结果就爆牌了。现在该怎么做呢?

基本原则同其他牌相同:所有没有看到的牌随后都会以相同的概率出现。不过,有一点不同。赌场中玩 21 点时,一般会把很多副牌——6 副或更多副,混在一起洗,并且常常是洗了又洗。因此,前面发出了哪几张牌,对于接下来会发出怎样的一张牌,几乎不会有什么影响。另外,大多数赌场都明令禁止玩家清点到目前为止已现身的牌;如果有谁被发现这样做,赌场就会对他下逐客令。(借助一些记忆窍门,玩家也许能对剩下的牌中大张与小张的比例有所知晓,一些有经验的玩家也确实由此取得过成功,但如果用更多副牌并且洗的次数也越来越多,那么这种做法的效果肯定会越来越差。)所以我们假定玩 21 点时,从 A 到 K 的每一张牌都会以相同的概率在随后出现,而不管前面已经发出了什么牌。

假设你在赌场中玩 21 点(用了很多副牌),并且已经发到一张 J 和一张 8(和为 18)。下一张发给你的牌可能是 A 到 K 的 13 张牌中的任何一张,它们里面有 10 张(4 及以上的牌)会让你爆牌。所以,你超出 21 的概率是 10/13,即 77%。这也太大了,此刻你最好停牌。

如果在和为 18 时停牌,下面会出现什么情况呢?这时庄家就必须拿牌,直到他的和为 17 或更大,而不管你的牌如何。长远来看,庄家手上的牌之和的各种概率(用了很多副牌),如表 4.2 所示。

表4.2   21 点庄家牌最后的和及赢牌概率

庄家牌最后的和	概率
17	15.47%
18	14.76%
19	14.00%
20	18.50%
21	9.55%
爆牌	27.73%

由表4.2可知,当玩家牌的和为 18 时,如果庄家牌的和为 17 或超出 21,那玩家赢得这一局的概率约是43%。如果庄家的和也是18,那双方平的概率约是15%。如果庄家的和是19,20 或 21,那玩家输牌的概率约是42%。所以,和为 18 时停牌,这一局牌双方基本上不分胜负。实际上,玩家还略微占先呢。这当然比起拿牌使得结果有77%的概率会立即超过 21 点要好。

除了作上述考虑外,还有一张牌你应特别加以注意。那就是庄家发给自己的第一张牌(明牌),这张牌对庄家最后可能得到的和有很大的影响。根据这第一张牌,长远来看庄家手上的牌的和及其相应的概率(在很多副牌的情况下)如表4.3 所示。

表4.3   21 点庄家手上的第一张牌及最后可能的和及其概率

第一张牌	17	18	19	20	21	爆牌
A	13.41%	13.41%	13.41%	13.41%	36.48%	9.89%
2	14.64%	14.03%	13.37%	12.66%	11.90%	33.41%
3	14.16%	13.59%	12.98%	12.32%	11.61%	35.33%
4	13.68%	13.15%	12.60%	11.97%	11.31%	37.32%
5	13.19%	12.70%	12.17%	11.61%	10.99%	39.33%
6	12.48%	12.03%	11.54%	11.01%	10.44%	42.50%
7	38.50%	9.51%	9.05%	8.56%	8.03%	26.34%
8	14.31%	37.39%	8.39%	7.94%	7.45%	24.52%
9	13.28%	13.28%	36.36%	7.36%	6.91%	22.82%
10 及以上	12.31%	12.31%	12.31%	35.39%	6.39%	21.28%

表4.3 表明,庄家的和是某个数的概率与他的第一张牌有很大的关系。第

一张牌是 A,那就很灵活(因为它可算成 1 也可算成 11),最终爆牌的概率也因此能降到 10% 以下,而且和为 21 的概率很大(只要下一张牌是 10 或有头像的牌就行)。然而,第一张牌若是 6,庄家最终爆牌的概率就非常大,达到 42.5%(如果下一张牌是 10 或有头像的牌,和就是 16,再往后就可能会爆牌了)。相比之下,第一张牌是 7,和为 17 的概率很大;第 1 张牌是 9,和为 19 的概率很大,以此类推,因为下一张牌很可能是 10 或有头像的牌。

知道这些又有什么用呢? 假设你已拿到 1 张 J 和 1 张 3(和为 13),庄家的第一张牌是 5。你该拿牌还是停牌? 如果拿牌且拿到的牌又是 9,10,J,Q 或 K 之一,那你就会爆牌,就输了——这一概率是 5/13,即 38.5%。当然,你的和也可能不会超出 21,但不一定就能赢得这一局。总的来说,如果你再拿牌,赢的概率与所拿的下一张牌有关,如表 4.4 所示。

表 4.4　玩家牌为 J,3,庄家牌为 5 时,玩家再拿牌一次的情况下结果总览

拿到的下一张牌	拿到此牌的概率	总和	玩家赢的概率	双方打平的概率
A	1/13	14	39.33%	0%
2	1/13	15	39.33%	0%
3	1/13	16	39.33%	0%
4	1/13	17	39.33%	13.19%
5	1/13	18	52.52%	12.70%
6	1/13	19	65.22%	12.17%
7	1/13	20	77.39%	11.61%
8	1/13	21	89.01%	10.99%
9	1/13	22	0%	0%
10 及以上	4/13	23	0%	0%
平均			33.96%	4.67%

把表 4.4 的第 4 列、第 5 列中的各种概率(它们与发给你的下一张牌有关)分别平均一下,即可算出:如果你再拿牌一次,赢的概率是 33.96%,打平的概率是 4.67%。

别忘了,庄家自己的第一张牌是 5,这并不是一张好牌。从表 4.3 可以看

出,庄家最后爆牌的概率是 39.33%。所以,如果你停牌,虽然和只有微不足道的 13,但赢的机会仍不算低(39.33%)。

停牌,赢的概率为 39.33%;再拿牌一次,赢的概率为 33.96%(即使加上打平,也只有 38.63%)。因此,如果你发到的牌是 1 张 J 和 1 张 3,庄家自己的第一张牌是 5,总的来看,你应选择停牌,这比选择拿牌要好。

认真的 21 点玩家们会详细地作过此类计算,包括应用计算机模拟以求出各种不同的概率。他们已经提出了一种"基本策略",目的是在各种不同情况下使赢的概率达到最大。这一策略有详尽的规则,说明何时该分牌,何时该双倍下注,何时该拿牌,何时该停牌。(应用这一基本策略去玩 21 点,可以把赌场一方的占先优势降低到 0.5% 刚过,但即便如此,从长远来看玩家仍要输钱。)这一基本策略中有一条规则是说,如果玩家当前的和在 13 与 16 之间且没有 A 算作 11,并且庄家的第一张牌在 2 与 6 之间,那玩家应该停牌。这与我们所举的牌为 J 和 3 的那个例子一样:如果你选择拿牌,和可能会更好,但也可能会超出 21。总的来看,在这种情况下最好是停牌,寄希望于庄家爆牌。

耐心,耐心

在玩与运气有关的游戏时,对随机性的理解能增加赢的概率。不过,真要成为赢家,最终需要的是耐心。

大数定律说了,长远来看,赢的概率最大的人会赢得最多。这并不是说每次玩你都会赢,而是说如果这一游戏你玩了又玩,就会比别人赢得更多。一旦搞清了怎样增加赢的概率,你也许就要玩许多许多次,以便最终走上赢的道路。(类似的情况也适用于股票市场:成功并不在于你所有的股票都得一直往上涨,而是在于平均来看它们是往上涨。)

不幸的是,有时成功不能复制。这种情况下,你能做的就是让赢的概率尽量地大,并且把握住机会。

葡萄牙邮编猜谜游戏(一个真实的故事)

去年,我指导的一位研究人员要回到他的祖国葡萄牙去。临行前,他办了一个令人愉快的告别晚会,以美味的葡萄牙风味食品招待大家。

作为活动的一部分,他和他的同伴设计了一个简单的竞猜游戏:猜他们在葡萄牙新住址的邮政编码。我们被告知,这个邮政编码是介于1000与9999之间的一个数。谁猜的结果离这个数最近,谁就会获得一份小小的奖品。

一张纸在来宾们之间传递,大家在纸上写下他们最喜爱的一个数或是位于那个区间中点的一个数或是任意挑选的一个数。但我敢保证,应用概率的视角,我能做得更聪明。

我决定挨到后面,让别人先猜。最后轮到我了。看了看那张纸,我发现上面写的数没有哪个在5000与7440之间。啊哈,有这么一个大空档,真好。要是挑这一空档中间的那个数,那我离别人就都会很远,我赢的概率就会很大。于是我在纸上写下6220,正好是那一空档中点的那个数。

我得意地靠在椅背上。晚会上共有20位来宾,我要是随便猜一个数,赢得奖品的概率只有1/20,即5%。而照我的聪明做法,选空档中点的数,那么邮政编码如果是介于5611与6829之间,我肯定赢。假定邮政编码是1000到9999之间任一个数的概率都一样,那我赢得这场竞猜游戏的概率就是13%——比5%的两倍还要大呢。应用概率的视角,我增加了自己的机会。

过了很久,结果宣布了——我居然输了! 奖品由他人获得,他纯粹是瞎猜的! 惨败之下,我安慰自己道,这样的竞猜游戏要是连着玩上100次,每次我都遵循前面那个同样的策略,那么大数定律就会起作用,我就能赢得100次竞猜中的13次——比别的任何对手都要多。

自那次晚会之后,我就一直在焦急地寻找另外99位来自葡萄牙的研究人员,希望他们每人都举办一场类似的猜邮政编码的游戏。如果你认识那么一位,请告诉我。

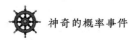

　　要想在玩与运气有关的游戏时胜出,得具备三个条件。首先,得仔细研究游戏本身,看能否找到一种策略,能让你平均来看会赢。其次,得一再地重复应用那种策略。第三,得耐心地等着大数定律最终把你引向成功。

最卑鄙的谋杀

没有什么事情能像杀人案件那样引起诸多公众的注意了。就像莎士比亚所说的那种"最卑鄙的谋杀",内中情节越是可怕,受害人越是看似无辜,我们的关注度也会越高。相比于交通事故、疾病、饥饿,甚至飞机失事,杀人案件更震撼人心,更让人恐惧,因为"这件事没准会发生在我身上"。

杀人案件对我们的吸引力没有逃过媒体的眼睛。他们一贯将此类案件置于优先报道的位置——不仅在案发当日,而且以后的数星期,只要有什么逮捕或找到一个新的目击者或开庭或有其他(小小)进展,他们都不会放过。娱乐圈也一样,有很大一部分电影以及电视节目都把谋杀当作主题。

同样,警方也注意到了我们的关注点。他们毫不隐讳地大谈特谈发生在我们社区的暴力犯罪,以及他们与此作斗争所需要有的额外资源。"持枪歹徒疯狂肆意作案,"多伦多的警察首脑近日宣称,"对付社区中泛滥的枪支、毒品以及帮派势力,我们有困难。"

政客们为了在选举中获胜,有时也会夸大人们对于犯罪行为的恐惧。1995年安大略省的选举中,获胜一方的竞选纲领强调"暴力犯罪案件正在减少";而反对一方的政客们立即反驳道,暴力犯罪案件正在增多,而且暴力的程度正变得难以想象的可怕。

所以,在媒体、警方、政客以及一般的市民看来,暴力犯罪案件正在增多。但真是这样吗?

事实、总数和比例

从概率的视角来看,说是这样并不等于真是这样。无论媒体和政客怎样夸大其词,也未必意味着犯罪案件确实在增多。获知真相的唯一办法是去看事实本身。

有关谋杀及其他犯罪行为的数据可以从很多渠道获得,包括政府机构、警方记录以及公共卫生团体。实际上,从这些不同渠道得来的数据也不完全一致。比如,有一些死亡案例曾经被认为是意外(且健康记录上也是这样登记的),到后来又被判定为谋杀。不过,比起世界上所有媒体头版的尖叫、政客们的咆哮以及吓人的故事片,对于犯罪行为的真实数据即使只有粗略的了解,也有助于揭开事实的真相。

对于任何数据来说,重要的是该采用正确的统计方法,并弄清楚总数与比例之间的差别。例如,2000 年,法国共发生了 1051 起谋杀案件,而立陶宛只发生了 370 起。啊哈,你可能会认为,从谋杀案来说,立陶宛应该是一个非常安全的国家,而法国则是一个更危险的国家。对吗?

其实这是错误的。2000 年,法国的人口总数为 59 225 683,而立陶宛的人口总数仅为 3 620 756,前者是后者的 16 倍。所以, 2000 年,法国每 59 225 683 人中发生了 1051 起谋杀案件,即每 56 352 人中有 1 人被谋杀;与此同时,立陶宛则是每 3 620 756 人中发生了 370 起谋杀案件,即每 9786 人中有 1 人被谋杀——这一数据高多了。

换句话说,在 2000 年,立陶宛的居民成为谋杀案件中的受害者的概率约是法国居民的 6 倍。这一例子说明,关注谋杀案件的总数是没有多大意义的。我们更应该关注比例;也就是说,我们应该用谋杀案件的总数除以相关的人口总数。

这样的比例通常是以每 10 万人为单位来进行折算的。因此,法国在 2000 年谋杀案件的发生率等于 1051(谋杀案件的总数)除以 59 225 683(人口总数),再乘以 100 000($1051 \div 59\,225\,683 \times 100\,000$),结果是 1.78。相比之下,立陶宛的谋杀案件发生率是 10.22。表 5.1 还列出了其他国家的相应数据。注意,谋杀案件总数最多的国家,谋杀案件的发生率不一定最高。

表5.1 2000 年,若干国家谋杀案件的总数及发生率一览

国家	人口总数	谋杀案件的总数	每10万人中的发生率
立陶宛	3 620 756	370	10.22
爱沙尼亚	1 431 471	143	9.99
美国	281 421 906	15 980	5.53
苏格兰	5 062 900	104	2.05
澳大利亚	19 360 618	363	1.87
加拿大	30 689 035	546	1.78
法国	59 225 683	1051	1.78
英格兰和威尔士	52 140 200	679	1.30
德国	82 797 000	961	1.16
日本	126 550 000	1391	1.10

在城市、州或其他行政区域之间进行比较也一样。例如,1998—2000 年,英国伦敦发生了 538 起谋杀案件,而荷兰阿姆斯特丹只发生了 89 起。但是伦敦的人口总数超过了 700 万,而阿姆斯特丹的人口总数不到 75 万。把谋杀案件的总数转化成每年每 10 万人中谋杀案件的发生率,那么阿姆斯特丹的数据是 4.09,伦敦的数据是 2.38。显然伦敦更安全。同样,1998—2002 年,纽约州平均每年发生了 930 起谋杀案件,而南卡罗来纳州平均每年只发生了 282 起。但是约 1900 万人生活在纽约州,南卡罗来纳州只有不到 400 万人。因此,纽约州每 10 万人中谋杀案件的发生率是 4.97,而南卡罗来纳州是 7.07。马萨诸塞州的这一数据是 2.19。所以,如果你最害怕卷进这种谋杀案件,那么生活在纽约州比生活在南卡罗来纳州要安全得多,而马萨诸塞州的安全度更是后者的 3 倍多。许多人对这一结论感到很惊讶。我们习惯于认为人口密集的地方不安全,而且谋杀案件总数越多也就意味着越危险,但实际上未必是这样。

这就告诉我们,在比较与不同人群有关的一些量时——不管是谋杀案件的总数,还是啤酒的消费量、汽车事故数、百万富翁人数、休闲装或诺贝尔奖得主的总数——唯一有意义的评价方法是计算比例。由于不同实体的人口总数不同,

单单去比较那些量本身是完全错误的。

谋杀案件发生率的变化趋势

犯罪行为越来越多,人们最恐惧的常常与此有关。我们倾向于接受事情的现状,而不喜欢事情变得更糟。那么,怎样去判别谋杀案件的发生率是在增加还是在减少?

我们先来考察一下 1960—2002 年美国每年发生的谋杀案件总数(原始数据来源于美国司法部)。一种做法是简单地按年份罗列出谋杀案件的总数:9110, 8740, 8530, 8640, 9360, 9960, 11 040, 12 240, 13 800, 14 760, 16 000, 17 780, 18 670, 19 640, 20 710, 20 510, 18 780, 19 120, 19 560, 21 460, 23 040, 22 520, 21 010, 19 310, 18 690, 18 980, 20 610, 20 100, 20 680, 21 500, 23 440, 24 700, 23 760, 24 530, 23 330, 21 610, 19 650, 18 210, 16 974, 15 522, 15 586, 15 980, 16 204。

这样一串单纯的数据难以解读。不过,我们已经可以看出某些变化趋势。相比而言,1960 年代的谋杀案件总数还比较低(不到 10 000),随后一直攀升至峰值——超过 24 000,接着又逐渐减少。

用图来展示这些数据更有启发性,如图 5.1 所示。这条曲线似乎证实了我们刚才的猜测,即从 1960 年开始到 1970 年代中期,杀人案件的总数明显增加,

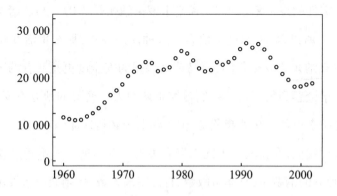

图 5.1　美国每年谋杀案件的总数

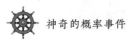

随后大致趋于稳定,接着又有轻微的减少。

我们已经知道,真正有意义的是每 10 万人中(比如说吧)谋杀案件的发生率,而不是单纯的总数。实际上,美国的人口总数也在变,从 1961 年的 1 亿 8 千万增加到 1975 年的 2 亿 1 千万,再增加到 2002 年的 2 亿 8 千万。图 5.2 所示为 1960—2002 年间美国的谋杀案件的发生率。此图与图 5.1 很像,它同样证实了我们前面的猜测。从 1960 年到 1970 年代中期,谋杀案件的发生率同样开始增加,后来同样减少。不过,从 1970 年代中期往后减少的速度更快了,因为考虑了当时人口总数的增加。

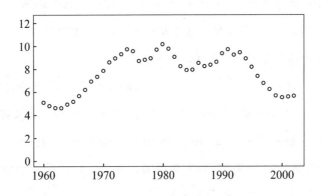

图 5.2　美国每年每 10 万人中谋杀案件的发生率

另一方面,1980 和 1990 年前后那么几年,谋杀案件的发生率看上去似乎与总的趋势不符合。对此我们又该作何解释? 它们是否改变了整个趋势,或者是否只是暂时的随机性波动? 从 1970 年代中期到现在,谋杀案件的发生率是否有降低的趋势,怎样才能判断出来? 如果是在减少,减少得又有多快?

对趋势的判断:回归

仅凭少许观察,就对趋势作出判断很容易得到错误的结论。为了更准确地把握趋势的变化,统计学家们应用了一种叫作回归的技术。就其中最简单的线性回归来说,有一套很方便的规则用来求出"最佳拟合直线",也就是能对所观察数据的增减趋势作出最佳拟合的一条直线。这个由数学公式描述的直线离所观察的数据最近。(更准确一点来说,这条直线能让所观察数据与它之间的距离的平方和最小。)这个公式特别而清晰,因此避免了单凭眼睛去画"你能画出的最好直线"。

增肥,减肥

今年你真的想认真减肥了!你已订好一份新的食谱以及一份新的锻炼计划。当然,你这个人并不总是目标很坚定,但你仍感到很有希望。

第一天你称了一下体重,170 磅,太重了,但你还是信心满满。

第二天又称了一下,172 磅。这并非好的开始,但要坚持住。

第三天你的体重蹿到 174 磅了。哇塞!

可是,到了第四天,辉煌的第四天,你的体重降到了 173 磅。啊哈,你的食谱现在真的起作用了。一天降一磅。照此速度,一个月后你会降到 143 磅,又苗条又健康。

我们再来考察一下美国每 10 万人中谋杀案件的发生率。这回限制在 1975—2002 年(这一时期谋杀案件发生率明显在减少),然后我们用线性回归方法求出一条最佳拟合直线。如图 5.3 所示。

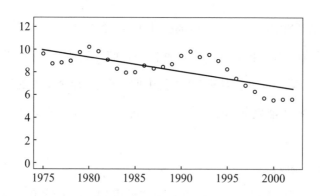

图 5.3 1975—2002 年美国每 10 万人中谋杀案件的发生率及其最佳拟合直线

这条直线的斜率是 −0.126。这意味着,这一时期美国每 10 万人中的谋杀案件发生率年均减少 0.126。虽然减少得并不太多,但确实是在减少。也可简单说,1975—2002 年,美国的谋杀案件发生率没有增加。实际上,从 1970 年代中期以来,谋杀案件的发生率是在缓慢地减少,这一点确定无疑。

这一趋势自 1990 年以来表现得最为显著。在这一时期,美国的谋杀案件发生率减少得非常明显,年均减少 0.454,如图 5.4 所示。换句话说,自 1990 年以来,美国的谋杀案件发生率确实是在减少;而与此同时,美国的许多媒体和政客却在到处鼓吹对杀人犯的恐惧。

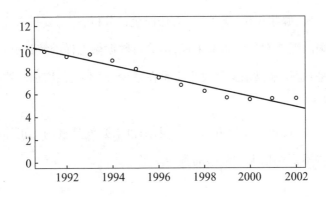

图 5.4　1991—2002 年美国每 10 万人中的谋杀案件发生率及其最佳拟合直线

在 1990 年代,美国谋杀案件发生率一直在减少,但这一事实与许多人的感觉相反。或许是因为同一时期其他暴力犯罪案件在增加? 然而实际上,美国司法部的数据表明,自 1990 年以来,美国每 10 万人中的暴力犯罪案件发生率也在很明显地减少,年均减少约 28.7,如图 5.5 所示。

那么,根据这些事实,我们能获得哪些经验呢?

●判断趋势的最好方法是用回归技术——比如最佳拟合直线,而不要只盯着几个个别年份的总数,那样是会受骗的。

●对趋势作何判断依赖于怎样分析数据(例如,看总数还是看比例,考察的

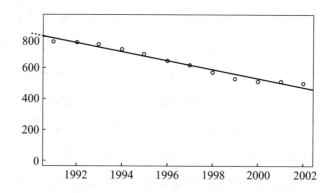

图 5.5　1991—2002 年美国每 10 万人中的暴力犯罪案件发生率及其最佳拟合直线

是哪一地理区域、哪些年份,等等)。看任何统计分析,你都要挑选完整的样本。

　　• 就美国的谋杀案件发生率来说,不管对数据做怎样的统计分析,唯一可能得到的结论是:近年来谋杀案件发生率是在减少,而不是在增加。这是百分之百可以肯定的。

　　• 即使媒体、政客以及警方众口一词,那也未必就是真的。正如说唱组合公敌乐队所言:"不要相信天花乱坠的宣传。"①

其他国家的谋杀案件发生率

　　其他国家怎样?加拿大的谋杀案件发生率大约是美国的 1/3,而且自 1970 年代中期以来,这一比例也是在缓慢地减少,年均减少约 0.042(原始数据来自加拿大统计局),如图 5.6 所示。

　　这一减少的趋势近年来表现最为显著,年均减少约 0.074,如图 5.7 所示。

　　至于澳大利亚,自 1990 年以来,谋杀案件发生率在某些年份是在增加,在另一些年份又在减少,但总的来看几乎是保持不变,年均仅仅略微减少 0.0006(原

---

① 　该乐队于 1982 年在美国纽约组建,是 1980 年代末最有影响力和最富争议的说唱乐队。——译注

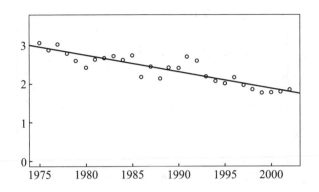

图 5.6　1975—2002 年加拿大每 10 万人中的谋杀案件发生率及其最佳拟合直线

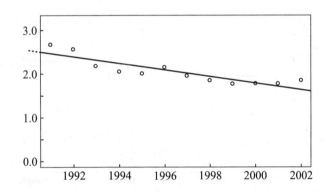

图 5.7　1991—2002 年加拿大每 10 万人中的谋杀案件发生率及其最佳拟合直线

始数据来自澳大利亚犯罪学研究所），如图 5.8 所示。

　　至于英国（英格兰、苏格兰还有威尔士），谋杀案件发生率比美国、加拿大、澳大利亚都要低，但自 1990 年以来，又有小幅增加，年均的增幅约为 0.025（原始数据来自英国内政部及苏格兰行政院），如图 5.9 所示。

　　1991—2002 年上述四国谋杀案件发生率的变化趋势总括如表 5.2 所示。

　　注意到以下一点也许会让人感到振奋：谋杀案件发生率最高的，减少得也最快（在美国），而仅有的谋杀案件发生率确实在增加的，起始却很低（在英国）。无论如何，以上的数据表明，与公众的印象及媒体的宣传相反，谋杀案件发生率

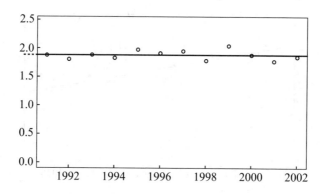

图 5.8　1991—2002 年澳大利亚每 10 万人中的谋杀案件发生率及其最佳拟合直线

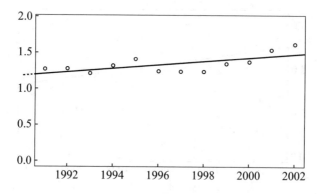

图 5.9　1991—2002 年英国每 10 万人中的谋杀案件发生率及其最佳拟合直线

相当低,而且普遍是在减少。

表 5.2　1991—2002 年每 10 万人中的谋杀案件发生率及其变化趋势

国家	平均发生率	年均变化
美国	7.40	减少 0.454
加拿大	2.05	减少 0.074
澳大利亚	1.87	减少 0.0006
英国	1.34	增加 0.025

此外,真实的发生率与媒体的描绘存有差异并不是唯一的不同之处,还涉及

受害人与罪犯的关系。人们害怕被杀,通常是怕丧生于不确定的陌生人之手,但大多数杀人犯却并非这样的角色。加拿大统计局研究过发生在 1974—2002 年的 15 163 起谋杀案件。就已侦破的那些案件来说,只有 15.5% 的罪犯与受害人互不相识,而且自 1975 年以来这一比例还在慢慢减少。相比之下,在已侦破的谋杀案件中,约有 18% 罪犯就是受害人的配偶。澳大利亚犯罪学研究所得到了类似的数据,他们研究了 1989—1996 年发生在本国的 2757 起谋杀案件。联邦调查局也得到了类似(又略有不同)的数据,他们研究了 2003 年发生在美国的 14 408 起谋杀案件。相关结果如表 5.3 所示。

表5.3　受害人与罪犯的各种关系及相应比例一览(限于已侦破的谋杀案件)

关系	澳大利亚	加拿大	美国
配偶	22.8%	18.4%	8.7%
其他亲属	16.5%	19.3%	13.9%
其他密友	*	3.5%	7.8%
熟人	42.7%	43.2%	47.2%
陌生人	18%	15.6%	22.4%

* 在澳大利亚的研究中,该项数据包括在配偶一栏内。

　　以上数据给我们提供了一个视角来审视这些耸人听闻的可怕事件,那就是概率的视角。一个无助的小孩被一个精神变态者劫持并砍杀,诸如此类的惨剧连续好几个月都会被媒体放在头版头条,不仅因为它们太令人震惊,还因为它们实在是太罕见了。

　　尽管确切的数据随国家的不同而多少有些差异,但结论总是一样的。与新闻媒体和影视剧造成的印象不同,谋杀案件实际上是很少发生的,而且大多数的杀人犯是熟人和家庭成员,并非陌生人。以后,与其担心会有疯狂的杀手躲藏在路灯柱子后面先去调查一下配偶最近的行踪或许更靠谱些。

在玩数字游戏吗?

　　谋杀案件发生率并不高的事实与某些政客和媒体人员的极端言论不相符

合。当他们直面这一事实时，会作出何种反应呢？常常是一口否认！多伦多市政府的一位官僚就干脆说："我不认为犯罪案件在全面减少。"警方首脑也坚称："犯罪案件在减少实际上是假象，是玩数字游戏的结果。认为犯罪案件在减少的人所说的肯定是别的社区，不是这里。"

当被逼急了时，他们会把话题引向人们对犯罪行为的恐惧，似乎这样就能证明他们是正确的了。我最近看到一位电视节目主持人问一个专题讨论小组，对于日益增加的犯罪案件发生率该怎么办。当小组中的几位成员说犯罪案件发生率实际上在减少而非增加时，主持人反驳道："哦，算了吧，你难道否认人们对于犯罪行为的恐惧是在日益增加吗？"还有一名政客坦白地说："不要只盯着统计数据，也要注意到恐惧这一因素。"

有位政客曾坚称："人们能感觉到犯罪行为在增多。"这是不对的。人们能"感觉"到的是被媒体和政客夸大的人们对于犯罪行为的恐惧。事情的真相必须经过认真研究和统计分析，不能全凭感觉。

可悲的是，有许多人要借人们对于犯罪行为的恐惧来谋利，所以这种恐惧不会轻易地消失。想想看，媒体要借它来卖报纸，娱乐业要借它来推销作品，政客们要借它来赢得选举。我很为多伦多市的市长米勒（David Miller）感到自豪，他在近日的一次竞选活动中宣称："多伦多其实是一个安全的城市。领导人无须靠四处奔走恐吓人们来当选。"我也很高兴本地有一位记者哈尔（Joseph Hall），他系统地揭穿了所谓犯罪行为在增多的大肆宣传。他认为："尽管近来有各种警告说要大难临头了……但犯罪行为其实是在减少。"同样，我也很高兴地看到专栏作家桑德斯（Doug Saunders）写道："无论从哪一方面来衡量，相比于上一代的几乎任一时候，现在发生恐怖活动、犯罪案件、甚至交通事故的危险性都要更低。现在这一时代的危险，说实话是我们的恐惧本身。"说得太对了。

犯罪案件发生率在减少，这是否意味着我们不应再为犯罪担心，不再需要警察？当然不是。只要有哪怕一起犯罪案件发生（显然这是要到永远了），我们就需要一支强有力的专业警察队伍来保护我们免受伤害。而且，我毫不怀疑，我们的司法系统应改进工作，以便能更好地保护民众，让枪支远离街头，让我们免遭冷血罪犯的毒手。从个人的角度来说，如果我或我爱的人被暴力所侵犯，我当然希望能得到警方最大的保护和帮助了。

此外，尽管犯罪案件的发生率近年来在减少，但并不能保证今后一直会减少。未来十年，犯罪案件发生率可能又会增加。

不过，即使会增加（现在并不是这种情况），我们也应该记住，相比于暴力犯罪行为，更可能伤害我们的是，例如交通事故或疾病。因此，我们在保持警觉的同时，更该认清我们到底在恐惧什么——而不管犯罪案件发生率的变化趋势如何。

所以，从某种意义上来说，犯罪案件发生率在减少其实不是那么重要。不管这个数据怎样，对于应如何在控制犯罪与维护个人自由之间保持平衡，或是在警力配备与有限的城市预算之间保持平衡，并没有简单的答案。决定优先权在哪一面并非统计学或统计学家的职责。我们所能说的是，做决定时一定要看清真实的情况，而不要被夸大的恐惧或误人的宣传所迷惑。如果一位政客或警方发言人说，尽管犯罪案件发生率在减少，我们还得在警力的配备上花更多的钱，这样的言辞倒值得考虑或争辩。但如果一位政客或警方的发言人宣称，因为犯罪在增多，所以要花更多的钱在警力的配备上，那他或她所说的就不是事实了。

就像电视连续剧《警网》(*Dragnet*)中的警探乔·弗莱德(Joe Friday)的那句名言："夫人，只应讲事实。"

怎样做决定

在做决定时,我们常常不得不先掂量掂量随机性。譬如,飞机可能会坠毁,我们还要去乘飞机吗?买彩票可能不会中奖,我们还要去买彩票吗?买保险可能永远得不到回报,我们还要去买保险吗?天可能会下雨,我们还要骑自行车出去吗?

当然,这些问题并没有什么神奇的答案;不管怎样,有时要作出某些决定总是困难的。不过,稍稍应用概率的视角并结合一些实践经验,能帮我们更容易地作出许多决定。至于那些实在是令人头痛的决定,效用函数能帮忙把相互冲突的选择理清楚。

不要理会极不可能发生之事

在做与随机性有关的决定时,首要的原则是对于那些发生的概率极小的事情,一般应不予理会。这是一条非常简单的原则,可惜大多数人却不知道遵守。

就拿买彩票来说吧。全世界有数十亿美元花在买彩票上,乐观的彩民们期盼能赢得巨额头奖,从此过上幸福的生活。买彩票的决定聪明吗?姑且不论中头奖能否真正带来幸福(事实常常相反),先问问中头奖的概率有多大?

比如,一种典型的商业彩票是要在 1—49 之间选 6 个不同的数。如果你选的 6 个数与后来彩票公司选的 6 个数恰好相符,那就能赢得(或能分享)头奖。对于这种彩票,中头奖的概率等于一个分数,分子是 1,分母是从 49 个数中选 6 个不同数的选法总数,即约为一千四百万分之一。(这个计算与玩基诺球时选的数全部出现的情形类似。)这一概率极小。打个比方,你在今年死于车祸的概率都要比它大上 1000 多倍呢。实际上,相比于买彩票中头奖,你更可能会因车祸死在去彩票站买彩票的路上。确实,如果一星期买一张彩票,赢得头奖的机会平均说来是每 25 万年还不到 1 次。此外,要是选法总数更多,那中头奖的概率就会更小;比如,在 1—47 之间选 7 个不同的数,那中头奖的概率就是六千三百万分之一。也许真有某个人会在本星期赢得头奖,但我向你保证,那个人不会是你。

这也就是说,你在决定是否要买彩票时,中头奖的这种可能性不应该是你要考虑的一个因素。如果你觉得这一经历有趣好玩,令人愉快,振奋人心,想买就去买吧;只要不怀着会中头奖的希望去就行。(我从来不买商业彩票,我太了解这里面的机会了。)

彩票的头奖有时会累积成一个巨大的数字,也许有上亿美元。这时去买彩票是很诱人的,虽然中的概率还是那样的小,但中的回报非常大。不过,买彩票的人越多,那么即使你中了头奖,与别人一起分享的概率也就越大。这种情况下,选择不同寻常的数比较好(最好是随机选,最差的是 1 - 2 - 3 - 4 - 5 - 6 或自家小孩的生日),能降低与人分享的概率,但中头奖的概率实在是太小了。正如布罗德里克(Matthew Broderick)主演的影片《战争游戏》(*War Games*)中,一台计算机关于核战争所说的一句话,赢的唯一方法是不玩。

对于极不可能发生的事情不要去理会,这条原则可以用到的地方太多了。罗斯福(Franklin D. Roosevelt)在 1933 年说的一句话可能有些夸张,他说:"唯一能令我们恐惧的,就是恐惧本身。"但人们常常会为那些发生概率很小的事情无谓地担心,这一点是千真万确的。那些事情导致我们作出不好的决定,让我们承受压力,感到不快。

例如,2002 年以色列发生了一系列耸人听闻的针对平民的恐怖袭击事件。在那之后不久,我的一些朋友要去以色列旅行。许多人认为这太可怕了,言语间流露出甚至连想想要去这么一个危险的地方旅行都该是疯了的想法。有人甚至说,去以色列旅行就像在高速公路上开错道一样愚蠢。

我决定审视一下事实。我发现从 2000 年 10 月到 2002 年 4 月,就是恐怖袭击高发的那段时期,以色列共有 319 人因此丧生,大约是每两万人中有一人。相比之下,同一时期,以色列约有 750 人死于车祸。因此,就算在恐怖袭击高发的时期,一个以色列人死于车祸(即使没有在高速公路上开错道)的可能性,也要比死于恐怖袭击的可能性高出两倍多。我把这一发现解释给一位熟人听,他却不信。

大约在同时,专业的统计学家们正筹备 2004 年 7 月的会议,这是美国数理统计学会的年度学术会议。本来打算在以色列召开,后来出于对恐怖活动的恐惧,他们决定移到西班牙。看来,连统计学家们都做不到应用概率的视角来战胜自己害怕把同伴置于危险之中的恐惧。

对极不可能发生的事情作出过高的估计可能会带来严重的后果。例如,2003 年春天,多伦多地区的许多居民患上了非典型肺炎(SARS),这是一种具有潜在致命危险的病毒感染性疾病。SARS 的爆发被媒体铺天盖地地宣传,许多报纸都将此事放在头版头条,电视台也一样。但在这一危机持续期间,多伦多死于 SARS 的患者总共不到 50 人。相比之下,每年死于普通流感的加拿大人约有 1000 名。即使在 SARS 爆发的高峰期间,到多伦多游玩的某位游客,死于流感与死于 SARS 的可能性也大致相等,但我想不起曾有报纸的头版头条报道流感的爆发,我也不知道有游客因怕患上流感而改变旅行计划或行为方式。SARS 危机导致到多伦多(甚至加拿大别的地方)旅游的人数锐减,该市及整个国家无故损失了数十亿美元。

表 6.1 所示为 2001 年加拿大和美国死于各种不同原因的人数及所占的百分比。大多数国家在大多数年份里也有类似的统计结果。

表6.1 2001 年死于各种原因的人数及所占的百分比

死因	美国	加拿大
心血管疾病	922 334(38.2%)	74 824(34.1%)
癌症(各种形式)	553 768(22.9%)	63 774(29.1%)
肺癌	156 058(6.46%)	16 558(7.56%)
呼吸系统疾病	230 009(9.52%)	17 585(8.03%)
交通事故	47 288(1.96%)	3032(1.38%)
自杀	30 622(1.27%)	3688(1.68%)
坠落	15 019(0.62%)	1727(0.79%)
中毒	14 078(0.58%)	955(0.44%)
谋杀(各种形式)	15 980(0.65%)	553(0.25%)
被亲戚杀害	3611(0.15%)	208(0.10%)
被陌生人杀害	3580(0.15%)	69(0.03%)
被配偶杀害	1390(0.06%)	109(0.05%)
溺水	3281(0.14%)	278(0.13%)
烟,火	3309(0.14%)	243(0.11%)
"9.11"恐怖袭击	3028(0.13%)	—
商用飞机失事①	275(0.01%)	2(0.0009%)
被闪电击中(2000 年)	50(0.002%)	3(0.0014%)
总计	2 416 425(100%)	219 114(100%)

从表6.1 可以看到,死于自身疾病(特别是心血管疾病、癌症和呼吸系统疾病)比死于外在原因要远为平常得多。就各种外在原因来说,死于交通事故比死于谋杀、飞机失事、溺水、火灾或被闪电击中更为平常。例如,在可怕的"9.11"恐怖袭击事件中约有3000 人遇难,占当年美国死亡人口总数的0.13%,相当于每94 000 名活着的美国人中有一人死于此事;但是仅仅 3 个多星期内就

① 不包括"9.11"事件(数据来源于美国国家生命统计报告及加拿大统计局,受害人与罪犯关系未知的比例可从已知部分所占比例推算出。)——原注

有 3000 名美国人死于交通事故。这意味着，随机选一个美国人，他在 2001 年（再放宽到 2000—2004 年）死于恐怖事件的概率，与他在任意 3 个星期以内死于交通事故的概率相等。当然，这一事实无论如何也降低不了那些袭击的野蛮程度或者所导致的悲惨结果。这里只是提供了一种看待有关数据的概率的视角，说明即便是可怕的"9.11"事件，也没有明显改变西方国家的民众毫无征兆地突然而死的概率。

如果担心死于疾病，你应该多锻炼，吃得健康一些，以免患上心血管疾病。还要戒烟，免得患上肺癌。关注身体健康比担心被人谋杀要有意义得多——更别提担心死于恐怖事件、飞机失事、溺水、火灾或被闪电击中了。就算担心被人谋杀，提防家庭成员比提防陌生人要更有意义。这是事实，是建立在概率基础之上的。（当然，对年纪较轻的人来说，被人谋杀或死于交通事故及恐怖事件的可能性，要大于死于癌症及心血管疾病的可能性，因此，死于前一类原因对于他们就显得更为悲惨。不过，与原始数据中呈现的巨大差异相比，这仍然不算什么。）

尽管事实是这样的，但媒体的眼光更多地放在被陌生的"坏家伙"杀害这一类事情上，而不是疾病和交通事故。确实，在"9.11"袭击事件发生之后，北美地区对治疗焦虑症的药物的需求大为增加，每个人都在谈论生命何其短暂，眼下我们是怎样地苟且活着，我们又全都是怎样的脆弱。而仅仅每 3 个星期内就有同样多的人死于交通事故却没有造成这样的影响。

人们为什么会对恐怖事件和 SARS 比对交通事故和心血管疾病恐惧得多呢？因为恐怖事件和 SARS 看上去很新鲜，不为人所知，有不确定性。人们能坦然面对重大的危险以及众多生命的丧失，只要对于它们的发生已习以为常，但当面临的危险不可预料时，人们的害怕就会超出合理的范围。电视剧《辛普森一家》（The Simpsons）中有一个场景很好地展示了这一点。当小丽莎和一个来自底层但也说不上坏的街头混混出去闲荡时，丽莎的妈妈驱车赶来把她拽走，对那小子说："这可不是私事——我只是害怕不熟的人。"

当关系到一个孩子或所爱的人时,即便受到伤害的可能性非常之小,对它不予理会也会显得冷酷无情。不过,这种感觉经不起推敲。我们大多数人不会为了是否要请姐姐开车来吃饭或看电影而犹豫不决,然而每年每一万个人中会有大约一个人死在路上。普通人通常每天开车最少两次,从家里到某处打个来回;所以当姐姐驱车而来时,她在路上出事故的概率至少有七百万分之一。发出这样的邀请是无情的吗?当然不是。所以,极不可能发生的事情每天都在被人们忽略,而且也必须这么做。

对极不可能发生之事不予理会,这条原则还能用来解决其他许多让人左右为难的问题。最近我骑自行车去多伦多市中心转了一圈,中途休息时,我发现自己正好身处加拿大国家电视塔之下。那座塔颇为壮观,有 553 米,是世界上最高的自立建筑。[1] 抬头仰望,我只能勉强看到那著名的瞭望台,它处在 113 层,地板全是玻璃做的。如果碰巧地板在那一刻裂开,上面的人还有玻璃碎片就会向我径直飞来,快得使我无处可逃,我就必死无疑。我赶紧紧张地向后退,准备去别的地方休息。

突然我又停了下来。我在想什么呀?这一玻璃地板装好已有十多年,使用已经超过了五百万分钟。即便不考虑它在结构以及建造上的安全性,它会在下一分钟崩塌的可能性也小到不到五百万分之一。概率既然这么小,再要赶紧走开其实是一件不值得去做的事。(如果这一玻璃地板是昨天才装好的,我可能就要重新考虑了。)我就在那儿平静地休息了一会儿,没有换地方,也没有被砸死。

夜晚的杂声

坐办公室、打仗一样地开车、东奔西跑办差事、做饭,经过这漫长的一天,你

---

[1]　这一纪录由 2010 年竣工的哈利法塔(原名迪拜塔)刷新,该塔高 829.84 米,是目前世界上最高的人工结构建筑。——译注

终于可以躺在床上放松放松。你看了一会儿与概率论有关的一本有趣的书,然后准备美美地睡上一个长觉。

就在你侧身把书放下关灯时,突然听到嘎吱一声响。怎么回事? 谁在那里? 你待着不动,仔细地听,但再也没有听到什么声音。

现在你有些吃不准了。那声音是说明有贼进到你的房子里来了吗? 要报警吗? 要把棒球棍抓在手里吗? 要下楼去巡视一番吗?

你飞速地想了一下。你的房子有很多年没进过贼了。就在你侧身放下书本的一瞬间,正好有一名窃贼闯进并弄出声音来,这一可能性有多大呢?

另一方面,你的房子有年头了,躺在床上翻个身就有可能会让地板发出一声嘎吱响。也许正是你侧身放书导致了那声杂音的出现,而不是什么偶然的巧合。

即使很困,你仍能认清那声嘎吱响更可能是身体移动使得地板发出的,而不是正好在那时闯进的一名窃贼弄出的。你放心地放下书本,关上灯,幸福地进入了梦乡。

随机性与漠不关心

对极不可能发生之事不予理会,对于作出决定而言不失为一种正确合理的方法。但如果太极端,我们也许会走向轻率或疏忽。

例如,开车仅仅 10 分钟,出事故的概率是很小的,我们还要费心系上安全带吗? 我的回答是要。我一向是系安全带的(骑自行车则会带上头盔),倒不仅是因为法律规定要这么做。我又该怎样来解释这一行为呢? 我至此以前说的话都不管用吗?

首先,在人们的一生中,开车或骑自行车也许会有很多很多次。其中某一次出事故——不一定致命——的概率不能因为小得无法想象就不予理会,这样安全性就不能保证。一次两次忘了系安全带也许不是什么大事,但从不系安全带就是在自找麻烦了。

其次,系安全带或戴头盔只需稍费心力,这并不需要你取消一次旅行,或退出某些乐事,或走很长的路,或花很多的钱。所以,虽然每一次短程外出发生事故的可能性都非常小,但考虑到系安全带太容易了,因此还是值得的。从这一观点来看,我们应该系安全带,不是因为这样做聪明、正确或合乎道德,而是因为这样做简单。

父母在对待孩子的行为上也应该有类似的平衡想法。一方面,孩子会说,用剪刀把自己扎成重伤的可能性是非常小的,但这一概率并没有小到无以复加的地步,特别是如果她常常拿剪刀玩的话。另一方面,简单的预防措施就可以避免此类事故的发生。所以,告诫孩子们不要拿着剪刀到处跑是绝对有必要的。

对极不可能发生之事不予理会,这于社会层面也同样会有不利的影响。比如,选举结果不可能系于我们个人的一张选票,那我们还要去投票吗?多一件垃圾又没什么大不了的,我们还要致力于回收或避免乱扔垃圾吗?因为浪费一点能源就将地球推至无法忍受的境地,这简直难以置信的,那我们还要尽量节约能源吗?

当然,如果有很多人投票,我们的政府就会有更广泛的代表性(我们希望如此)。如果有很多人致力于回收,我们的世界将会更加清洁更加美好。如果有很多人节约能源,我们的生存方式将能更长久地维持下去。哲学家称其为"个人理性与集体理性的冲突":如果有很多人做同样一件事,那对大家都有好处;但如果只有一个人做,且不说给自己带来麻烦,对别人也不大可能有多少好处。

那我们为什么还要不怕麻烦去做这些事呢?部分答案是我们希望我们的行为能带动别人也这样做,而许多人的行为合在一起将会有很大的效果。不幸的是,我们不能担保情形总会如此,因为我们在投票或回收时,也许没有人看见。我们应该一如既往地坚持自己的行为吗?

我想还是萨特(Jean-Paul Sartre)说得好,我们选择的行为正好表明了我们希望别人怎样去做。"在创造我们想成为的那个人时，"他写道，"我们所有的行为无一不在同时创造一个人的影像，他具有我们认为他应该具有的样子。"换句话说，我们去投票去搞回收，其实是在倡导我们认为别人也应该去投票去搞回收。

如果你在担心会遭遇谋害和恐怖事件或在考虑是否要把钱花在买彩票上，那你要记住，对极不可能发生之事应不予理会；但也不要让这一原则阻碍你去采取一些简单的安全措施——比如系安全带，或是选择一些积极的行为——比如投票或搞回收，这些行为有望能对别人产生引导作用。

让平均幸福度最大化

要说对极不可能发生之事不予理会，那当然没啥问题。可是我们常常会面临这样的选择，它所牵涉到的随机性绝对是不可忽略的。

步行还是坐车

你睡过头了，现在正赶着去参加上午9点开始的一场会议。此刻是8点50，到办公室走得最快也要15分钟。你将会迟到5分钟。

你思量着有没有别的选择。这个时候要搭出租车那是休想。不过，有一路公共汽车可以到办公室，中途正好要花5分钟。如果你到公共汽车站台去等，而且5分钟之内有公共汽车开来，那就能准时赶上开会了。真棒！

不幸的是，公共汽车什么时候来说不准。有时马上就来了一辆，有时过20分钟也不会来一辆。如果等公共汽车很不顺，最后可能赶到时会议已经开了15分钟，而不是仅仅开了5分钟。要冒这个险吗？要去等公共汽车吗？你可能会准时赶到，但也有可能迟到得更多。或者，你还是应该选择步行？虽然肯定迟到，但只迟到5分钟。

你想起来这份工作还在试用期，如果迟到，那位严厉又准时的老板肯定会不要你了。你决定还是等公共汽车，唯一希望公共汽车能快点到来，能准时赶上开会。幸运的是，有一辆公共汽车正等在那里——工作保住了。

那天你还和一个朋友约好晚上9点一起去喝一杯。结果你发现自己又要迟到了,而且面临着同样的选择:要么步行,结果肯定会迟到但迟到得不多;要么坐公共汽车,结果可能会准时到,也可能会迟到更多。赴约去喝一杯,迟到几分钟没多大关系,但如果迟到很多,你的朋友可能会生疑而离去。你决定最好还是选择步行。

选择步行还是坐公共汽车,取决于你对各种可能出现的结果——准时到达、迟到得不多、迟到很多——怎么看。概率论能算出各种结果出现的概率,但如何做决定还要考虑自己的偏好、价值取向以及对各种可能出现的结果喜欢还是不喜欢的程度。

冷静朴实的数学能用来讨论诸如喜欢或不喜欢这样充满价值意味的概念吗?数学无法区分对错与好坏,但如果我们能将个人的好坏评定用数量表示出来,数学就能指导我们做决定了。

要将个人的偏好量化,必须先确定一个效用函数,它对各种可能出现的结果分别指定了一个数,那个数就代表你对那个结果的评价。若那个数是正的,表明那个结果是好的(数越大,结果越好);若是负的,表明那个结果不好(负得越多,结果越不好)。例如,看了一场不错的电影,效用函数值你可能会评定为 +10;看了一场相当好的电影,评定为 +20;中了彩票的头奖,评定为 +1 000 000。另一方面,碰伤脚趾头,效用函数值你可能会评定为 -10;头痛,评定为 -20;丢了工作,评定为 -1000。

效用函数是博弈论中的一个专门名词,这门学科是专门研究怎样做决定的,在经济、政治以及社会诸多领域中已有广泛的应用。1940年代,匈牙利数学家冯·诺伊曼(John von Neumann)研究了效用函数,他是举世闻名的新泽西州普林斯顿高等研究院首批的6名成员之一(爱因斯坦也在其中)。[①] 效用函数提供

---

① 参见《天才的拓荒者——冯·诺伊曼传》,诺曼·麦克雷著,范秀华等译,上海科技教育出版社,2008年。——译注

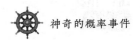

了一种简单易懂的规则,用来解决复杂的决策问题。

假设你正忙于筹备婚礼,现在要选一个会场。你已把选择范围缩小到了两处:城里的一个典雅的舞厅和森林中的一座乡村小木屋。小木屋的环境,包括周围摇曳的树木以及波光粼粼的湖面,非常美丽,但也存在一个问题:万一婚礼那天下雨怎么办?

为了解决这一让人左右为难的问题,你可以定义一个效用函数。天气晴朗的话,在小木屋里举办一场婚礼是惬意的事,对此你评定的效用值为 +1000。在舞厅里举办一场婚礼(无论下雨与否)也不错,但还是要差一些,对此你评定的效用值为 +800。

不过,下雨的话,小木屋可能会乱成一团糟:客人们只能挤在屋内,鞋子全都粘上泥,屋顶又漏水,可能还会有争吵,周围那美丽的风景也全都浪费了。结婚当然是件喜事,但这婚礼办得可真窝囊,效用值只能评定为 0 了。而且,根据以往的天气情况,估计婚礼当天有 25% 的可能性会下雨。

所以你的选择要么是舞厅,它很可靠,效用值为 +800;要么是小木屋,天晴时效用值为 +1000,下雨的话为 0。该选哪一处呢?

现在,让我们来算一下,小木屋有 75% 的概率效用值为 +1000,25% 的概率效用值为 0。这意味着,如果选择了小木屋,效用函数的平均(或期望)值将会是 +1000 的 75% 加上 0 的 25%,结果是 +750;但如果选择了舞厅,效用值将总是 +800,无论天气如何。

由于 +800 比 +750 大,舞厅应该是比小木屋更好的选择。所以,你(尽管不情愿)应该把舞厅订下来。这样的话,不管下不下雨,婚礼都能成功举行。(另外,你总可以选择蜜月中的一个晴天,顺道再去小木屋那里游玩,而不必冒什么风险。)效用函数帮助我们运用理性的逻辑思考,解决情感上的困难选择。

去打电话吧

财务部的詹恩看上去真不错——而且他手上没戴婚戒。也许你应该邀请他

星期六一起去看你朋友的摇滚乐队的演出。

你紧张地伸手去拿电话,但又犹豫了。如果詹恩不感兴趣呢?如果他已经有了女朋友呢?如果他认为你打电话给他显得很傻呢?如果他会说一些不客气的话呢?你估摸着他接受邀请的概率只有10%上下。也许你还是不该给他打电话。

幸运的是,你懂得效用函数。你想,如果詹恩接受了邀请那天你会多开心多兴奋呀,甚至会改变你的人生呢。对此,你评定的效用值为 +1000。

如果詹恩拒绝邀请,你会很失望,但又不会比不给他电话更糟糕。两者的后果都是从此与詹恩无缘。所以,你真的要经历的,是给他打电话发出邀请时的窘迫和紧张。尽管这种感觉不好,但也没那么差。对此,你评定的效用值为 −50。

那么,打这个电话的平均效用值是多少呢?有10%可能性的效用值为 +1000,那就是 +100;又有90%可能性的效用值为 −50,那就是 −45。因此,打这个电话平均效用值是 +100 −45,即 +55——净赚。

所以,平均来看,打这个电话稳赚。带着期待又担心的心情,你拿起了电话。詹恩回话了,你们愉快地聊着。后来你们一起去看了摇滚乐队的演出。一切自然发展,从此你们过上了幸福的生活。这都要感谢效用函数。

买保险真的保险吗?

在决定是否要保险时,也用得到效用函数。考虑买保险时,首先要问你自己的是:"长远来看,是买保险花的钱多还是以理赔款形式返还的钱多?或者,得到的有可能会多于付出的吗?"如果得到的比你付出的多,那买保险就是一种不错的投资。但是,如果付给保险公司的多于你得到的,买保险就不是明智之举。

假设每年你投保家庭险要花 800 美元。在大多数的年份里,你不会从这份家庭保险里得到任何理赔款形式的返还,这份家庭保险给你带来的净收益是 −800 美元。另一方面,万一家里出了大问题——起火了,水淹了,遭贼了,屋顶

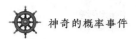

坍塌了——你也许可以得到数千美元的理赔款。得到这么一大笔理赔款的概率并不大，与买保险的 800 美元相比，是刚好平衡呢还是亏了？

这一问题很难直接算出一个答案。毕竟，牵扯因素太多，比如发生火灾或水灾平均来说有多频繁，火灾或水灾造成的平均损失有多大，还有别的哪些有可能得到理赔的事情。此外，上述各种平均值还与你住在哪里、邻居的生活习惯等紧密相关。尽管如此，还是可以合理地推测一番。

关于保险的头一项事实是，保险公司的利润一般是非常高的。确实，保险业是世界各地赢利最可靠的几个行业之一，但是从大数定律我们知道，一个公司长远来看能赚钱的唯一方法是收入平均要比支出多。所以，考虑到保险公司的利润，我们很容易得出一个结论——平均来说，它的收入要比支出多。这意味着，对顾客来说，支出的钱平均要比拿进的钱多。

换句话说，无须了解有关火灾、损失及买保险的花费等各方面的统计数字，我们就能有把握地断言，平均来看，买保险是亏钱之举。买保险要花的钱，平均要比以理赔款的形式返还的钱多。这是否意味着我们都不应该去买保险了呢？不，不是的，效用函数可以告诉我们其中的原因。

每年花 800 美元买保险不算太多，对此我们可以评定一个负的效用值，如−800。然而，如果没有买保险而又遭遇一场大灾难（如火灾或水灾），那么后果可能会是毁灭性的。例如，如果这场灾难迫使你卖掉房子或导致你永久性的破产，那对你的生活所造成的伤害就远非金钱可以衡量的了。即便这个损失从数字上来说只有 10 万美元，可是你的财政状况及保障也许会大受影响，婚姻也许会破裂，孩子们也许不得不离开大学。对此，效用值可以评定为−500 000 或更低。总而言之，你所面临的困难对你的重大影响要远远超出你所损失的金钱数额。

假设每年发生一场大灾难的可能性是 1/200。那么从钱的角度看，花 800 美元买保险，有 1/200 的可能性能得到 10 万美元的返还。这意味着平均说来，付出 800 美元,只能收回 500 美元(10 万美元除以 200),每年净损失 300 美元(相应地,保险公司净赚 300 美元);但平均效用值实际上是用 2500(500 000 除以 200,因为你可能得以避免一场大灾难)减去 800(买保险所花的钱),结果是 1700,是正的。

这样来看,买保险有时能双赢,一方面保险公司赢利了,另一方面顾客在平均效用值上也赢了。不过这种情况仅对灾难性的损失,这时顾客受到的影响实际上远非保险公司的那笔理赔款所能衡量的。

对于非灾难性的损失,一般来说"自己来保险"会更好,就是说不买保险,有什么损失自己承担。偶尔你会为弥补损失花去一大笔钱,但平均说来,这总比买保险要更省一些。简言之,保险公司赚去的钱可以由你自己来赚。

看你的效用值还是看我的?

在电视情景喜剧《幸福的日子》(Happy Days)中的一集里,里奇和他的朋友因为太渴望接触异性,故而导演了一场冒牌的选美比赛。于是,问题接连发生,又没有奖金,选手们生气了,顿时混乱丛生。里奇的父亲盛怒之下向他大叫道:"你惹这些麻烦到底有什么好处? 就为了看看漂亮姑娘吗?"这一集以里奇的一个特写镜头结束:他因父亲的训斥而神色懊恼,但脸上突然又绽放出微妙的笑容。这清楚地说明,对处于青春期的里奇来说,就为看看漂亮姑娘而惹那些麻烦是值得的。

父母与子女的这种冲突无时不在发生。我们一向将它们简单地视为代沟或是归因于父母比子女更成熟。实际上,这种双方意见的不同还可以用效用函数来解释。

在上述例子中,里奇对于能认识年轻的姑娘们非常兴奋,对此他会评定效用值为 +100 或更多。与此同时,虽然里奇也会因惹来的麻烦而感觉不好,但年轻、充满活力的他并不感觉太糟糕,所以对此负面结果他也许会评定效用值为

－50。由于＋100足以补偿－50,里奇暗地里会觉得他享受的快乐与惹来的麻烦相比还是值得的。

另一方面,里奇的父亲即使承认接触迷人的异性毕竟还是有乐趣的,他也仅仅会将此当成一项小小的消遣,评定效用值至多为＋10。但作为所在社区的一名负责任的公民,他会把惹来的麻烦、欺骗以及人们的愤怒看得很严重,评定效用值或许为－100。显然－100与＋10太不相称了,难怪里奇的父亲会那么生气。

淘气的小侄子

你那可爱的小侄子到你家里来了,此刻他正玩着心爱的小皮球呢。你叫他要小心,他全当耳旁风。他已经打破了一只玻璃杯,就在你生气地朝他大叫之后,他又把一幅画碰了下来。他怎么这样不明事理呢？很显然,依你的观点,打破杯子弄坏画,比起玩球的少许乐趣来,可要严重得多。

随后你想了想你小侄子的效用函数。他喜欢玩皮球,越疯越好,对此他也许会评定效用值为＋20。另一方面,当损坏了东西并遭到训斥时,他只会感到稍微有些不好,对此他也许会评定效用值为－10。所以,依他的观点,他的行为完全是合理的。

你觉得应该教训一下这个小家伙,给他点惩罚或拿走他的球,让他懂得什么叫负责;但是又想到他的效用函数毕竟还是可以接受的。作为变通,你把房间里容易损坏的物件全都搬走,并允许他继续玩。这么一来,你的物品都是好好的,小侄子也能尽兴地玩球,你们两人的效用函数都得到了尊重,且都很高兴。

效用函数还能解释医生与病人间的诸多分歧,这种情况时有发生。医生会向病人推荐一种药物,但病人并不接受,虽然医生和病人都想获得最好的疗效。有时确实是医生错了,有时则是病人太固执了,但是分歧的产生也经常是因为双方有不同的效用函数。

例如,假设有位医生向你推荐一种药物,能将死亡的可能性降低1%,但代价是你会头痛,消化系统也会不适——也就是说,会降低你的生活质量。那位医生觉得,这种药物带来的好处与不适相比是值得的,而你却不这么认为。为什么会有这种意见的分歧呢?

一方面,医生们关注的首先是让病人活下来。医生对于让你活下来,评定的效用值也许是 + 10 000——+ 10 000 的 1% 是 + 100。另一方面,医生们可能会较少关注生活质量问题(这很难衡量及用数字表示,研究也不多)。所以,医生对于药物会带来各种不适,也许效用值仅评定为 – 20。由于 + 100 胜过 – 20,他就会推荐那种药物。

一方面,你可能与医生一样关注存活,所以将死亡的可能性降低 1% 评定的效用值是 + 100。另一方面,生活质量对你来说也很重要,所以你将药物带来的各种不适评定的效用值是 – 200。由于不适的效用值 – 200 胜过存活可能性增加的效用值 + 100,你就觉得用那种药物似乎不是好事了。

下一次如果你发现自己处于这么一个境地,不要大呼小叫,不要惊慌,也不要威胁去投诉。只要平静而又有礼貌地作出直接解释:"对不起,医生,你推荐的那种药物我不想用,因为我的效用函数与你的不一样。"

"研究表明"的背后

我们常常会被告知"研究表明"什么什么:洗涤剂的生产厂商告诉我们,如果用了他们的产品,我们的衬衣能洗得有多白;心理学家告诉我们该怎样抚养小孩;城市的设计者告诉我们该怎样管理交通;制药公司告诉我们买他们的药可以救命;医生告诉我们选择某种疗法无疑是最好的;电视上做商业广告的人,一身实验室里穿的白大褂,拿着文件夹,戴着眼镜,告诉我们嚼无糖的口香糖有多好。在上述事件中,有关人士都向我们担保,他们的结论是经过研究证实了的。连我们当地酒吧间里的那位碎嘴子都宣称,他所着意阐述的每一项意见都是"研究表明"了的。

我们一向相信(或引用或只是假设有)那些符合我们自己意见的研究,而选择摒弃或忽视不合己意的研究,但这样做合理吗?我们难道不能从那些研究本身学到点什么实在的东西吗?

是的,我们能学到。事实上,稍微懂些知识并结合概率的视角,我们就能认清哪些研究可以相信、什么时候相信。

一个振奋人心的结论或全凭好运气?

典型的医学研究也许是这样进行的。有种疾病(姑且称之为普劳伯力特斯病,Problitus)能让半数的患者死亡。某家制药公司开发了一种新药,声称能降低普劳伯力特斯病的死亡率。真是这样吗?

为了查明真相,要开展一项研究。将许多普劳伯力特斯病患者召集起来,给他们使用这种药,然后观察死亡率。问题是,该怎样去比较用药后的死亡率与以前50%的死亡率呢?

如果这项研究观察到的死亡率高于50%,这就是一个不好的信号。这种药可能是失败了。制药公司得从头做起,以期改进。这种情况下,这项研究就保护了民众,免受无效(甚至可能是有害)药的伤害。这样看来,一切还算顺利。

现在,假设这项研究观察到的死亡率低于50%。比如,用药以后,只有40%

的患者死亡。与没有用药的患者有半数会死亡相比,这种药看上去很有希望,也许它真的能降低普劳伯力特斯病的危险。

确实能吗?问题在于,死亡率的降低证明了是那种药在起作用吗?抑或我们只是运气好?在何种意义上我们能准确地下结论"研究表明"那种药是有效果的?

幸运的一投

"我篮球打得可好了,"你男朋友吹嘘道,"从球场的这一边底线往那一边投篮,几乎每次我都能投进!"

你不胜其烦,决定试他一试。某天晚上,你们带着篮球一起来到体育馆。他站在一边底线上,屈膝,把球向远远的篮筐投去。

当球沿着一条优美的抛物线在空中划过时,时间都停止了。它飞得太远了。不,等等,可能它飞得还不够远。

最后,球开始落下,直朝静静等待着的篮筐落下,落下,终于……进了。他投进了!

"耶,"你男朋友大叫道,"我告诉过你我能投进!"

"哈,你只不过是运气好。"你反驳道,"你凭运气投进一次说明不了什么。我敢打赌你再也投不进了。"

你男朋友叹了口气。"唉,得了。"他哀叫道,"我要投进多少次你才肯相信那不只是运气好呢?"

这个问题问得妙。

现在,让我们考虑一个具体的例子。假设参与上述研究的患者只有3位,他们都得了普劳伯力特斯病,在用了那种药以后,又全都能活着。真棒,你也许会想。不用新药,有一半的患者会死,而用了新药,看来全都能活下来。让我们赶快把这种药推向市场!

对此结论我们能打包票吗?或者我们只是运气好?换句话说,确实是那种药使得那 3 位患者活下来的吗？还是那 3 位患者病情的好转纯属运气好，那种药根本就无效？

这一问题与我们以前喜欢提到的掷硬币有关。（硬币作为货币流通工具已有约 2700 年的历史，毫无疑问硬币也掷了约莫有这么久，所以概率学家常常拿硬币来说事也就不奇怪了。）假设你的朋友正在用掷硬币的方法来分糖果。对盒子里的每块糖果该归谁，他都用掷硬币来决定。如果硬币正面朝上，那块糖果就归他；如果反面朝上，就归你。头 3 次都是正面朝上，他是不是作弊了？比如，那枚硬币两面都是正面，或用了其他小技巧。抑或是，他完全是清白的，只是运气好而已。究竟是哪种情况？你能分辨得出吗？

从概率论的观点来看，计数硬币正面朝上的次数与关于普劳伯力特斯病的那项研究中计数幸存的患者人数，实为同一件事。在这两种情境下，问题都在于，结果的发生是有明确的原因（药起作用了或朋友在作弊），还是纯属运气？

要将二者分别开来，我们得考虑 p 值的概念。所谓 p 值，指的是全凭运气出现你所观察到的结果的可能性。（药没有起作用，但那 3 位患者全都活了下来；你朋友没有作弊，却连着 3 次正面朝上。）

在普劳伯力特斯病的研究中，如果药没有起作用，那么每位患者存活的可能性是 50%，而那 3 位患者都活过来的可能性就是 50% 乘以 50% 再乘以 50%，即 12.5%。在报告研究结果时，我们可以说那种药有助于降低普劳伯力特斯病的死亡率，相应的 p 值是 12.5%。

同样，全凭运气硬币接连 3 次出现正面朝上的可能性也是 12.5%。所以，这一情境下，我们也可以说相关研究的 p 值是 12.5%。

p 值的大小意味着什么呢？如果 p 值较大，那也许只是运气好，相关研究没有证明什么；但如果 p 值很小，出现的结果是全凭运气的可能性就非常小，因而，那种药确实起作用的可能性就非常大。

在关于普劳伯力特斯病的那项研究中，p 值是 12.5%。这个值足够小吗？

如果是，我们就应该向患此病的每个人推荐这种药。或者这个值还是太大了？如果是，我们就应该将这项研究观察到的结果视为运气使然，因而没有什么意义。

不可能性有多大才是很不可能？

我们应该小心谨慎，不要过早跳到结论。为了避免出现这种情况，需要事先建立一个标准，以确定 p 值有多小才能将一项研究的结果视为可代表一项真实的结果。在医学、心理学及其他一些领域，惯用的标准是 5%。就是说，对于这些领域中的任意一项研究结果，如果相应的 p 值小于 5% 或者全凭运气出现这一结果的可能性小于 1/20，那么这一结果就可认定为"从统计意义上来看是重大的"。另一方面，如果 p 值大于 5%，那么出现这一结果可能就是纯属运气了，因而从统计意义上来看就没什么意义。

在地下通道闲逛的可疑分子

你正骑车穿过地下通道，有个人引起了你的注意。那是个男人，身材高大，外表有些奇怪。他到底有哪些不同寻常让你犯嘀咕呢？

胡子。红红的，密密的，正像那些间谍片中出现的克格勃人员。喔，这家伙是个漏网的克格勃间谍！

冷静点，你想。一个正常的普通人也可能会有浓密的红胡子。那证明不了什么。

但是，再看那双靴子。钢头，漆黑，高跟。显然只有克格勃人员才穿这样的靴子。

不，不，你提醒你自己。一个诚实守法的公民也可能会穿笨重的钢头黑靴子，这不稀奇。

咦，他外套里鼓囊囊的是什么？肯定是一把枪。他肯定是克格勃，正试图破坏我们的生活呢。你得做些什么。不能再耽搁时间了。

为了维护世界和平,你跃上前去把他扑倒。一惊之下,他倒也没有反抗。

警察来了,经过仔细调查,发现此人是来自萨斯喀彻温省的一个种小麦的农夫,是个老实人,他只是碰巧蓄了一把浓密的红胡子,碰巧喜欢穿沉重的黑靴子,碰巧又把钱包塞在外套的口袋里。警察在表达了满怀歉意之后释放了他。而你,因为被控无端攻击他人,蹲了 6 个月的监狱。

那项关于普劳伯力特斯病的研究怎样? 参与研究的患者有 3 位,他们都活下来了,p 值是 12.5%,比 5% 要大得多。因此,这项研究无论如何都无法证明那种药确实能降低普劳伯力特斯病的死亡率。

另一方面,如果我们的那项关于普劳伯力特斯病的研究有 5 位患者参加,而且他们全都活了下来,那么 p 值就等于 5 个 50% 相乘,约为 3.1%。这比 5% 要小,因而从统计意义上来说就是重大结果。我们可以下这样的结论,出现那一结果并非只是运气好,那种药确实有助于治疗普劳伯力特斯病。

同样,如果你的朋友连掷 3 次硬币都是正面朝上,他可能只是运气好,你应该再给他一个机会;但如果这样的事情继续发生,一连 5 次还都是正面朝上,那你就要仔细检查那枚硬币了。

5% 的最大误差概率在科学界用得很广泛。它被看作统计上的一个标准,与律师所遵循的"排除合理怀疑"的标准相当。不过,精确的 5% 这一数字还有很大随意性。此外,这一数字意味着容许在 20 次医学研究中有 1 次结果是错的。5% 的标准最早是由费希尔(R. A. Fisher)选定的,他是英国的一位农业研究人员,是现代统计推断理论的创始人。他发现,5% 的这一数字在大小上很合适,数学上用起来也很方便。有些统计学家认为,为了避免得到错误的结论,从统计意义上来看某一结果是重大的,必须要求相应的 p 值小于 1%。(p 值要小于 1%,那项关于普劳伯力特斯病的研究得有 7 位患者参加,而且他们全都要活下来——掷硬币得一连 7 次正面朝上——不仅是 5 位或 5 次。)就连费希尔也同意,他说:"如果 1/20 的可能性似乎还不够小,那么我们愿意的话,可以把线画在

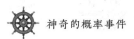

1/50 或者 1/100。"

　　尽管争论在继续,但 5% 的标准一直为几乎所有的学术研究所采用。幸运的是,许多已发表的研究报告会列出相应的 p 值,所以你愿意,可以自己去检查。在有些情况下,p 值可能是 4.9%,而在另一些情况下,p 值可能非常小(比如 0.5% 或更小)。一项研究的 p 值表明你可以在多大程度上相信它所得到的结论:p 值越小,全凭运气出现相应结果的可能性就越小。所以,如果医生再向你提到一项医学研究的结论,不要盲目接受,先问问那项研究的 p 值有多大。

　　有时事情的发生确实"全凭运气",记住这一点也能帮我们理解日常生活中遇到的一些问题。根据"趋均数回归"原则,极端的或令人惊讶的结果常常是由真正的差别以及纯运气造成的,所以这种结果以后出现的可能就少了(即会回到"更平常的"状态)。例如,如果有位学生在一次考试中表现极好,可能因为她很聪明,但也可能还有一点运气。所以,下次考试她仍有可能表现得好,但不会像上次那么好——她的运气可能已经用完了。同样,这次考试表现得极为糟糕的同学,下次可能会考得好一些。再比如,某人个子极高,他儿子的个头就很有可能会超过一般人的平均身高,但又不会比爸爸更高。或者,如果一个田径运动员在一次比赛中表现得极为突出,下次比赛可能就不会这么好。有时投资者也会应用趋均数回归原则作出决策。比如,某种股票的价格突然跌了,那可能是运气不好,很快会反弹的,所以现在也许是再买进的好时机。(当然,这不能保证;也许这种股票价格下跌有内在的原因,那它只会跌得更惨。)趋均数回归是统计学上的说法,其实它就相当于在经历了很不顺利的一天之后,所有的父母都会对孩子们说的一句话:明天会更好。(反过来,如果今天事事顺利,那么明天可能就糟一些了。)

当心有偏倚

　　现在我们该怎么做已是很清楚了。为了验证某一说法是否正确(某种药物能改善健康状况、某种洗涤剂使用效果更好等),我们要进行一项研究,算一算全凭运气出现的 p 值。如果 p 值小于 5%(小于 1% 就更好了),这项研究的结果从统计学上来看才有意义,我们才可以相信这项研究所得到的结论。

到此为止,一切还算顺利。可是,一项研究要是有效的,我们还得保证它没有偏倚。有几种类型的偏倚要加以注意。比如,一种偏倚是根据患者的身体状况来决定,挑选哪些患者参加研究。

军队里的一次视察

负责训练的中士向你微笑致意,和你握手。"你好,上校。你会发现,我的部下都赞同我的带兵方法。我们一起去问问他们吧。"

中士领你来到营区,他的人都在那里。"本德,"他叫了其中的一位,"你觉得我的带兵方法怎样?"

本德有点犹豫。"呃,噢,先生,"他出言谨慎,"你确实有点太——"

"停,本德!"中士尖叫道。"卡德! 你认为我的带兵方法怎样?"

卡德站了起来,平静地说道,"噢,很坦率地讲,先生,我的意见是——"

"闭嘴,卡德!"中士吼叫道。"弗勒! 你认为我的带兵方法怎样?"

弗勒站了起来。"哎呀,先生,我喜欢你的带兵方法。我觉得你的粗暴正是我们所需要的。"

"谢谢你,弗勒。"中士回应道。

然后他转向你,继续说道:"看,上校,我说过他们都赞同我的带兵方法吧!"

如果治疗普劳伯力特斯病的药物生产厂商热切地要证明他们的药是有价值的,那他们可以造假。他们可以进行这样一项研究,参与其中的患者看来都多少正在好转,然后再用这种药。这么一来,参加研究的大多数患者当然会康复——但不是因为那种药起了作用,而是因为那些人无论如何都会康复。这项研究的 p 值的确会很低,但只是因为厂商在搞鬼。

这一问题被称为抽样偏倚。为了避免出现此种情况,开展研究时应随机挑选参加的患者(一般也确实是这么做的)。例如,对于每位自愿参加普劳伯力特斯病研究的患者,先让他掷一枚硬币,如果是正面朝上,才给他用药。这样,每位患者是否用药的概率是相等的,且与他们自己的健康状况无关。

我们在电视上都看到过一些著名歌手及演员的现身说法,谈他们怎样生来卑微,经过多年苦苦挣扎,终于被人发现,才有今天的富贵。许多有抱负的艺人被这些故事所激励,全身心地投入到工作中去,期待着能有类似的辉煌。然而现实是,有成千上万的人渴望成为摇滚明星却永远不会成功。上电视接受采访的只是极少数的成功人士。这样的采访对于还在打拼中的歌手来说,在取样上就有偏倚,所描绘的图景也是极易误导人的。

前面说到过媒体喜欢大肆宣传杀人案件,这也可以看成一种偏倚。每天,约有99.999 98%的人没有被杀,而媒体只盯着那少数几个被杀的人。从新闻的角度来看,这样做也许是合理的,但报纸上此类大字标题所试图描绘的社会被严重歪曲了。

类似的问题出现在对象报告偏倚上。例如,某公司开展了一项关于某种药物是否有效的研究,明明有些患者用了此药后死了,在提交报告时,他们却适时地被"忘记了"。或者,明明有些患者用了此药后还未真正好转,却适时地被认为已经好了。这类不符之处影响了研究结果,使得研究站不住脚。

为了避免出现这种偏倚,研究应该由这样的人员或者机构来进行,他们与研究结果之间没有利害关系。也就是说,应该由一个公正、客观、独立的专业组织来开展研究并报告结果,不带任何偏好。这样才能公正取样、准确报告,而不会对结果产生任何影响。

偏倚可以表现得很微妙,能解释一些难以理解的事。例如,在许多司法案件的审理中,要随机选择成年公民当陪审员。一旦某人被选中,几年以内就不会再选他了。但为什么不从此以后再也不选他了呢?或者为什么不等到其他任何人都至少选中一次以后再选他呢?答案是那样做会带来某种偏倚,从而使得陪审员的选择逐渐局限于从未选中过的总数越来越少的公民,即刚成年的人及新移民。这些人当陪审员,做全体人民的代表,不太合适。因此,选中当陪审员的间隔年限只设置为几年,有些人已经当了三四次陪审员而另一些人却从未当过。也许这看来不公平,但至少能避免产生偏倚。

对象报告偏倚有时能以一种令人惊异的方式出现。我认识一名学生,他最近接受了一次有关学生借债的电话调查,主持方为大学的一个学生团体。他说到目前为止他没有欠其他学生的债,但不久前他买了一套公寓,有一大笔按揭贷款,这要不要算上?那个调查人员想了一会儿,因为这种情况他也没有料到呢;然后他说算上这笔债对他们有利(他们是想证明学生借债问题很严重),那就把它算上吧。显然,如果做决定时还要考虑什么样的结果是该项研究的倡议者所想要的,那整个研究就是无效的。

令人沮丧的减肥行动

你想减减肥,所以查阅了各种各样流行的减肥计划并决定照着去做。早餐选择牛排、鸡蛋、黄油、咸肉,你很满意碳水化合物的低摄入。午餐你大口大口地吃着涂了蜂蜜的白面包,还喝了一杯软饮料,吃了两根雪糕,你为自己脂肪摄入得少而沾沾自喜。晚餐你吃了 3 片涂了花生酱的全麦面包以及一大盘浇了西红柿酱的全麦面食,又吃了一大勺糙米饭,很自豪食物中纤维含量高。你只吃了一勺巧克力冰激凌作为夜宵,严格地遵循了要吃得少的减肥原则。

第二天,你震惊地发现自己的体重又增加了,尽管每次吃东西都是小心谨慎地照着减肥计划去做的。你幡然醒悟,这些行为中可能带有偏倚;因为选择什么样的减肥计划,是由当时你觉得自己喜欢吃什么来定的。从现在开始,你最好选定一种减肥计划并坚持不懈,这样才能避免产生偏倚,最后的体重也许才能减轻一些。

影片在宣传时会引用影评人的话,这也会产生类似的问题。几乎每部影片都会受到一些影评人的喜爱,在影片的广告片中自然会出现某些评论。具有概率视角的观众一般不会在意这些广告,自己选择一个或数个特定的影评人[对我来说,通常是埃伯特(Roger Ebert)①],根据他们的意见来决定看哪些影片。这倒不是因为那几个影评人一定比其他人更聪明更有见地,而是因为在比较影片时,盯住同样的几位影评人,可以避免受到影片推销商的摆布——他们对于选择什么样的评论来宣传自己的产品是有偏倚的。

发表偏倚

现在我们知道了,研究应该由独立的专业人士来进行,研究结果应该用 p 值的概念来阐明。就是这么一回事,对吗?

且慢。还是孩子时我们就会玩这么一套把戏:如果妈妈不准你出去玩,你会再去问问爸爸,这样得到许可的机会几乎要多一倍。不幸的是,大公司也有一种简单的方法做同样的事情——"发表偏倚"。具体来说就是,委托做多项研究,但只有结论对自己有利的才予以公布,否则就隐瞒起来。

幸福牌帽子的骗局

作为幸福帽业股份有限公司的 CEO,你满怀忧虑。一向生意兴隆的公司,近来销售却在滑坡。怎样才能再次激起公众的兴趣呢?

你决定开展一项关于戴幸福牌帽子有啥好处的研究,并聘请了一位顶尖专家来主持。这位专家找来了数百名愿意参加研究的人,然后随机地把他们分成两组——一组志愿者都戴幸福牌帽子,另一组不戴。一个月后,测量并比较这两组人的幸福指数。

研究结束后,这位专家递交了一份完整的报告,你迫不及待地看了起来,但你的热情即刻就变成了绝望。这项研究的结论是,戴不戴幸福牌帽子与一个人

---

① 罗杰·埃伯特(1942—2013),全美最负盛名的影评人,是美国有史以来第一位获得普利策奖的影评家。他的影评长年来被广泛引用,并印在许多 DVD 的封面,作为对购买者的指引。——译注

的幸福感绝对没有任何关系。

你不是一个半途而废的人,所以决定再试一试。你又请来了100位相互独立的专家,给他们钱,让他们都去开展一项新的幸福牌帽子的研究。另外,你在与他们签的合同里加上了一个小条款,要求他们最后的报告必须只交给你一个人,不得让别人看到。

报告终于交上来了。很不幸,大多数的报告仍是说戴不戴幸福牌帽子与幸福指数没什么关系。事实上,有一些报告甚至说戴幸福牌帽子是有害的。然而,57号(哦,伟大的57号!)研究提交的报告里说,有些戴幸福牌帽子的人碰巧遇到了一连串的好运,因此得出戴幸福牌帽子能带来幸福的结论。相应的 p 值很小,低于5%。真好,耶!

你将57号研究广为宣传:在杂志上发表,在电视上做广告,登广播节目,贴在各地的广告牌上。当质疑者想了解更多的情况时,你把他们介绍给主持57号研究的那位专家;他证实自己完全不带偏倚,开展此项研究时很仔细很公正。人们对此印象深刻,幸福牌帽子重新大为风行起来,公司比以前赚得更多了。

另外那99份研究报告呢?哦,我们只能透露,那天晚上你的大容量碎纸机可忙乎了好一阵子。

你也许会想,没有哪家公司会隐瞒或者销毁委托他人做的任何研究报告吧。实际上,制药公司(及其他公司)在资助一些研究项目时,在合同里也常常会规定,任何发现未经他们许可不得公布,所以他们可以控制哪些研究结果可以公布,哪些不行。

1996年,多伦多儿童医院的研究人员、世界公认的内科和血液学专家奥丽维利(Nancy Olivieri)医生受奥贝泰克(Apotex)制药公司委托开展了一项临床试验,用该公司生产的药去铁酮来治疗患有地中海贫血症的儿童。一段时间以后,奥丽维利医生发现去铁酮有时能导致肝组织纤维化,这种损伤具有潜在的致命风险。她觉得这一问题很严重,应该让公众知晓。然而,奥丽维利医生与奥贝泰克公司签订的合同却规定,未得奥贝泰克公司明确许可(后来他们也确实没有许可),她所得到的试验结果 3 年内不准公布。

奥丽维利医生决定无论如何也要公布。她将自己的发现于 1998 年登载在《新英格兰医学杂志》(*New England Journal of Medicine*)上。奥贝泰克公司威胁说要采取法律行动,奥丽维利医生在多伦多儿童医院的研究席位也被取消(后来附近的多伦多医院接纳了她)。这一事件在医学研究界引起了巨大的争论。这主要是因为人们意识到,奥丽维利医生的遭遇只是医学研究受到资助方影响的最受瞩目的一例,类似的事件还有很多。

后来,一些争论开始关注奥丽维利医生的发现是否有根据:去铁酮真的会导致肝损伤吗?有些专家对此持肯定态度,另一些则予以否认。从医学的角度来看,对去铁酮(及其他所有药物)的使用风险准确地作出评估当然很重要;但从概率的角度来看,争议的关键是发表偏倚。研究结果要不要公布,应只由研究本身的质量来决定,而不应该去看什么人喜不喜欢。上述的那种审查只会让研究结果偏离客观事实,因而也会使 p 值及其他统计结论变得毫无意义。

与发表偏倚有关的类似例子还有很多。1990 年,圣弗朗西斯科加利福尼亚大学的临床药剂师董医生发现,治疗甲状腺疾病的药物——左旋甲状腺素,并不比其他较便宜的药物效果更好。左旋甲状腺素的生产厂商博姿公司知道后极为愤怒。他们在规劝董医生更改结论遭到拒绝后,又聘请顾问来诋毁她。1994 年,当董医生的研究结论即将在《美国医学会杂志》(*Journal of the American Medical Association*)上登载时,博姿公司利用法律,拿出资助此项研究时签的协议——未经博姿公司许可,研究结论不准公布。最终,在公众的广泛关注以及大学官员与公司之间多次高层会商之后,研究结论才于 1997 年在上述杂志上登载出来。(那时,博姿公司已被态度明显要温和的另一家公司收购了。)

近来的一场围绕着消炎止痛药伟克适(Vioxx)的争论也与发表偏倚有关。2004 年 9 月,伟克适被生产厂商默克制药公司召回,原因是有诸多证据表明它能显著增加患心脏病的风险。确实,据 2005 年 1 月登载于《柳叶刀》(*The Lancet*)杂志上的一项研究估计,有 88 000—140 000 例严重的心脏疾病可能是由伟克适引起的。根据《华尔街杂志》(*Wall Street Journal*)及其他一些媒体报道,默克制药公司的研究人员前几年就已经怀疑使用伟克适有这种风险。1997 年,公司内部的电子邮件中曾出现过这样的话——"导致心血管疾病增加的可能性值得严重关注"。到 2000 年 3 月,默克公司内部已经承认与伟克适有关联的心血管疾病问题"是明摆着的"。然而,默克公司却只限于内部知道此消息,对外仍坚称伟克适是安全的,并于 2000 年 4 月发布了一则通告,标题是"默克公司确认伟克适不会引起心血管疾病"。默克公司内部的一份培训文件甚至指示公司的市场营销商,对于伟克适是否会对心血管有不利影响的问题要采取"回避"态度。此外,默克公司还在 2002 年起诉了西班牙的一位医学研究人员拉波特(Joan-Ramon Laporte),因为他严厉批评了伟克适及默克公司(此案最终撤诉)。斯坦福大学医学院的弗里斯(James Fries)教授写道,有好几位严厉批评过伟克适的医学研究人员都曾接到过默克公司的调查人员打来的威胁电话,"语气一贯是恫吓性的"。尽管使用伟克适有危险的真相最后还是公开了,但时间拖得太久了。我们都应该担心是否还有其他药的真相仍被隐藏着。

诸如此类的争论已经让公众注意到这样一种普遍现象,资助医学研究的公司常常与研究结果有利害关系,并对研究结果的公布拥有最终的话语权。这一现象会引来一种风险,就是那些公司只许可公布对他们的产品有利的研究结果。果真如此的话,与各项研究相关的 p 值及其他的概率就会误导人,因为它们没有把更多的经选择排除在外的数据考虑进来。正如反对与公司合作的改革派人士纳德(Ralph Nader)所言:"无论 p 值是多少,都不可靠。"

这种情况终于引起了医学界的高度重视。国际医学杂志编辑委员会——由 11 种顶尖医学研究杂志的编辑组成的一个团体,那些杂志包括《美国医学会杂志》《新英格兰医学杂志》《柳叶刀》以及《加拿大医学会杂志》——于 2001 年宣布,从今以后,对于在其杂志上登载的所有研究,资助方必须保证没有阻挠(不管直接还是间接阻挠)地公布全部结果,包括对资助方的产品似乎不利的数据。

很明显,那些编辑用了概率的视角来看问题。

原因和结果

即使研究是以合理客观的方式来进行的,p 值算得也很准确,结果的公布也毫无限制,我们在解释结果的准确性时仍要小心谨慎。看似说明了某一件事情的结果,实际上常常说明了另外一件事。

会跳的青蛙(一个老笑话)

你想搞清楚青蛙的腿与它的跳跃能力之间的关系。所以,你找来一只青蛙和一把尺子,然后把青蛙放在尺子的一头,叫道:"跳!"

这只青蛙倒很配合,它恭顺地往空中一跃,落在标记为 82 厘米的地方。"啊哈,"你宣布,"四条腿健全的青蛙能跳 82 厘米。"

为进一步研究,你拿出一把锋利的手术刀,把青蛙的左前腿切掉。(这只青蛙表现得很坚忍,因为它一直渴望推动科学向前发展。)你把青蛙放回到起点处。"跳!"你又叫道。

青蛙跃向空中,这回它落在标记为 47 厘米的地方。"啊哈,"你兴奋地说,"三条腿的青蛙能跳 47 厘米。"

把青蛙的右前腿也切掉之后,你又让青蛙跳了一次,这回它落在标记为 18 厘米的地方。"啊哈,"你感到很惊讶,"两条腿的青蛙只能跳 18 厘米。"

你又把青蛙的左后腿也切掉。它笨拙地摇晃着滑了一下,落在标记为 5 厘米处。"喔,"你惊叫道,"一条腿的青蛙还能跳 5 厘米。"

最后你把青蛙剩下的那条腿也切掉了。"跳!"你下了命令,但青蛙没有动。你有点懊恼地重复道:"跳!"它仍然没什么反应。"跳!"你喊起来了,但青蛙还是一动不动。

"这倒很吸引人，"你有点欣喜若狂，"真是一个有趣的结论！"

想象自己要获得下一年的诺贝尔奖了，你试着练习了一下宣布你那令人震惊的发现："没有腿的青蛙是聋子！"

为了更好地理解确定因果关系的困难，我们来看一个经典的（但有些夸张的）例子。现在大家已经清楚地知道吸烟能大大增加患肺癌的风险，但对这一事实曾经是有争议的。碰巧还有一项事实，吸烟有时能导致手指头上出现轻微的（但却是无害的）黄斑。

现在假设有一个研究人员，她对吸烟了解得不多，但又想找出患肺癌的原因。她也许注意到了许多肺癌患者手指头上有黄斑。当然，这其实是因为肺癌和黄斑两者都是由吸烟造成的。但如果这位研究人员不知道这一点，她可能就会错误地推断是黄斑导致了肺癌。

想象一下这一错误的结论将带来怎样的混乱。父母会拒绝让孩子使用黄颜色的蜡笔，免得手指头上因沾染黄色的污迹而患上癌症。吸烟的人会戴上橡胶手套，这样他们就可以吸得安心了，因为手指上肯定不会再出现黄斑，殊不料他们的肺正在吸入焦油和尼古丁这些真正的杀手呢。家庭医生们也许会转向在显微镜底下仔细检查病人的手指头，却将听听病人呼哧呼哧响的肺腔等琐事置于不顾。对于因果关系的一个小小误解可能会造成很严重的后果。

统计学家们在处理此类问题上有一警语："相关性并不意味着因果关系。"两件特殊的事情（比如患肺癌与手指头出现黄斑）碰巧凑在了一起（即它们有相关性），但这并不能证明其中一件事情导致了另一件事情的发生。尽管没有人会当真推断黄斑导致了肺癌，但因果关系的问题在很多时候很多场合都会出现。

冥想的医学奇迹

这个数据表面看来不容置疑：百万分钟冥想（Million-Minute-Meditation，简称MMM）项目参加者的健康状况比一般民众要好得多。每年花不多的 1 万美元，每天用两个小时就可以在冥想大师歪理·沃利（Wily Wally）的引导下，沉浸于冥想及心灵觉醒中。严格的医学检查表明，总体上来说，MMM 项目的参加者，血压更低，身上的脂肪更少，肌肉更有力量，胆固醇水平更低，肺活量也更大。

现在歪理·沃利正试图说服你参加 MMM 项目。"难道你不关心自己的健康吗？"他问。"难道你不想和其他参加者一样那么健康吗？"而且，在限定的时间以内，他还愿意把年费再降低 10 美元。

在把钱甩出去之前，你的概率的视角起作用了。冥想确实可能会对健康带来许多令人印象深刻的好处。然而，同样可能的是，MMM 项目的参加者实为一个自我选择的群体；也就是说，那些愿意每年花 1 万美元每天用两小时来改善自己健康状况的人，必定本来就很关心自己的身体。他们可能也会按时锻炼，吃得健康，去除压力，定期体检，并在其他方面把自己照顾好。

如果真是这样，那么与其说是参加 MMM 项目让人们变得更为健康，还不如说是健康的生活习惯让人们去参加 MMM 项目，而参加 MMM 项目本身对于改善健康状况则作用甚微或者没有直接的作用。所以，与参加 MMM 项目相比，仅靠按时锻炼注意营养，你的身体可能就会更好。

"相关性并不意味着因果关系。"你对歪理·沃利甩出这句话就转至别处花钱去了。

一旦认识到这种错误在于搞错了因果关系，我们就会随处见到它们的身影。例如，有一项针对多伦多大学医学院学生的长期研究近来得出一个结论说，比起医学院的其他学生，医学院各班班长的平均寿命要少 2.4 岁。乍一看，这似乎意味着在医学院当班长是件坏事。所以，无论如何都应该避免在医学院当班长，是这样吗？

很可能不是。仅由当班长与平均寿命较短有关，并不能推断出是当班长导致了平均寿命较短。实际上，在医学院的班级里当班长的那一类人，一般说来，似乎都是工作极端努力、严肃认真、雄心勃勃的人。也许正是这种额外的压力，以及相应的社交和休息时间的缺乏——而不是当了班长本身——才导致了平均寿命较短。如果真是这样,这项研究带来的真正教训就是,我们都应该放松一些,不要让工作取代了我们的生活。

或许还有别的解释。其中一种有点古怪的解释是,如果一个人来自家庭成员普遍去世较早的家庭,那他自己也可能去世得早,也更可能会争取在有生之年的时间里获得最大的成就,比如当上医学院里一个班的班长之类。这里的要点在于,仅就此项研究来看,我们并不知道为什么医学院里的这些学生会比同辈人更早逝,但我们可以很有把握地相信(也感到奇怪),在医学院里当班长的人平均寿命会较短(这是相关性)。然而,我们却不能肯定其中的因果关系:是当上班长导致死得更早呢,还是害怕死得更早导致当上班长,或者此二者又都是太过于雄心勃勃的缘故,或者还有其他原因。

现在有很多研究表明,平均说来,电视看得越多的人也越可能会有暴力犯罪行为。啊哈,我们也许会想,这一锤定音地证明了电视是邪恶的,电视上充斥的那些让人麻木的暴力导致人们的行为也变得越发暴力。但真是这样的吗?也许是那些生长于不良环境或破碎家庭的人,平均说来,其行为更有暴力倾向(归因于日益加深的绝望及缺少父母监管);而他们也往往会在看电视上花更多的时间,因为他们没钱去参加别的娱乐活动,或者没有人把他们引导到别的更值得去做的事情上去。这些研究令人信服地表明了暴力与看电视的相关性,但它们未能揭示出隐藏在暴力后面的因果关系。这再次说明,相关性并不意味着因果关系。

随机试验

如果很多研究都无法确切地告诉我们因果关系是怎样的,那我们还能获得可靠的信息吗?

幸运的是,回答是肯定的。关键就是要采用随机试验的办法。大致说来是这么一回事:将参加研究的对象随机地分在两个不同小组中,此时不考虑与他们的身体、贫富等有关的其他任何因素。然后,对这两个小组给予不同的处理,比如一组用药另一组不用药,或者一组参加 MMM 项目另一组不参加。如果这两个小组观察到的结果从统计意义上看差别很大,那么这一差别就不能归因于其他任何因素了。相反,只能说这一差别确实是由对这两个小组所给予的不同处理造成的。

前面我们已经提及,在关于普劳伯力特斯病的研究当中,最好的办法是对每位患者都掷一次硬币,正面朝上才给用药。这样,患者们就随机地分成了两个小组,一个是用药的试验组,另一个是不用药的对照组。如果试验组患者的存活率比对照组患者高得多,那无疑就是他们用了药的缘故。

再来看一下肺癌与手指黄斑的问题。相比于简单地观察一下谁的手指上有黄斑谁患了肺癌,我们可以做得更积极,就是去开展一项研究。先对每位参加对象掷一次硬币,如果正面朝上,就将他的手指涂成黄色(如果是反面朝上就不涂),不管他吸不吸烟。

最后,我们(可能)会发现,这两个不同小组中的人患肺癌的比例没有什么大的差别。因此,我们可以有把握地推断,手指上的黄斑根本不会导致肺癌。黄斑确实与肺癌可能有相关性,但黄斑并不是患肺癌的原因。

我们能否进行一项类似的研究,以确定吸烟是否导致了肺癌?能,但很难。对每位参加研究的对象,我们也掷一次硬币,如果正面朝上,我们就强迫他吸烟很多年,如果反面朝上,就禁止他吸烟。很显然,要让研究对象这样配合是困难的。必须采用不那么直接的方法。

在研究看电视与暴力之间的关系时,也有类似的问题产生。要让试验真正随机,我们也得掷硬币,然后强迫一半的研究对象看很多电视,另一半基本不看电视。如果那些看很多电视的人有更多的暴力犯罪行为,那就能毫无疑问地证明看电视确实能导致暴力,对电视节目的内容也许就要呼吁应加以限制了。不过,很难设想在一个多少算是自由的社会里,这样的试验能搞得下去。

这些想象中的情境表明,在进行与"生活方式"因素(如吸烟、饮食、看电视等)有关的研究时,要实施真正的随机试验是很难的。然而,在医学研究中,研究人员能准确地掌控该给每位患者用什么药,所以这不是问题。

对于医学研究,还有额外要考虑的一个因素。有时患者的健康状况得到改善并不是因为药本身起了作用,而是因为患者相信这种药是有用的,单凭这一种信念已足以让他们感觉良好了。为了避免出现这种情况,在许多医学研究中,会给对照组的成员服用一种安慰剂(假的药丸)。这样,参加研究的患者们就不知道自己是否在用那种新药,从而消除了相关的心理因素的影响。(实际上,许多医学研究会搞"双盲",连医生也是到后来才知道哪些患者用了药、哪些患者用了安慰剂。这样,来自医生的微妙暗示也可避免了。)

随机性的药物试验有时会引发伦理上的争议。例如,专家们相信,一种抗逆转录病毒的药物有助于减慢艾滋病的传播。因此,从伦理上讲,也许就应该给所有的艾滋病患者用这种药。另一方面,为了得到关于这种药物疗效的科学证据,研究人员又需要一个给其中的患者不用药的对照组。

短期的伦理行为(给所有患者用最好的药)与长期的科学行为(有对照的研究,一些患者不给用药)之间的冲突很难解决。对这类有争议的问题,我本人的反应是,庆幸自己不是一个医学研究人员。

概率极小的意义

时不时地总会有一些不可能发生的事情真的发生了。比如奇怪而惊人的巧合,虽然许多巧合可以通过计算"多少分之一"来加以解释。又比如,我们曾凭"对极不可能发生之事不予考虑"的原则将此类事情晾在一边。但是无论如何,对发生的可能性很小的事情,人们总是以各种各样的方式表现出极大的兴趣。

一说到不可能发生的事情,人们的脑海里常常会浮现出被闪电击中的一幕。在许多不同的暴风雨天气,我们都看到过闪电,听到过雷声。不过,被闪电击中这样的事情还是很少见的,更不用说被闪电击中而死了。

少见到什么程度呢?我们前面已经介绍过,在 2000 年,美国有 50 人因被闪电击中而死。其实,这一数字是有代表性的:据全美闪电安全协会报道,在 1990—2003 年的 14 年间,美国共有 756 人因被闪电击中而死,平均每年是 54 人。与美国每年 250 万的死亡人口相比,约每 5 万名死者中有 1 人死于闪电。与美国的总人口相比,约每 600 万名美国人中有 1 人会被闪电击中而死。这确实是少见的。

这一罕见性最近被巧妙地应用于反吸烟的广告。在暴风雨中,一位站在山顶的女性因害怕被闪电击中,手里紧紧抓着一根高高的金属杆子。她是这样解释的,这一行为看似疯狂,但与吸烟的愚蠢相比算不了什么。我们已经看到了,因患肺癌而死的人大约占死亡人口的 7%,是因被闪电击中而死的人所占比例的 3000 倍。所以,这个广告的制作人显然具有概率的视角。

另一方面,不同的人被闪电击中而死的可能性也不同。如果你生活在雷电交加的暴风雨经常发生的地方,在暴风雨来临时经常待在室外,所住的地方比较平坦且周围没有很多高大的建筑物挡着,那你被闪电击中而死的可能性就比较大了。1990—2003 年,美国佛罗里达州有 126 人被闪电击中而死,得克萨斯州有 52 人,而马萨诸塞州只有 2 人。表 8.1 所示为 1990—2003 年,平均来说每年每 10 万人中被闪电击中而死亡的人数最多的几个州。

表8.1 1990—2003 年,被闪电击中而死亡的人数最多的几个州

州	人口总数(2000 年)	死于闪电的人数	年平均死亡率
怀俄明	493 782	14	0.203
犹他	2 233 169	22	0.070
科罗拉多	4 301 261	39	0.065
佛罗里达	15 982 378	126	0.056
蒙塔纳	902 195	7	0.055
新墨西哥	1 819 046	14	0.055

相比较而言,从被闪电击中而死来看,在人口众多的马萨诸塞州和加利福尼亚州可要安全得多。

表8.2 1990—2003 年,被闪电击中而死亡的人数最少的几个州

州	人口总数(2000 年)	死于闪电的人数	年平均死亡率
马萨诸塞	6 349 097	2	0.0023
加利福尼亚	33 871 648	8	0.0017
阿拉斯加	626 932	0	0
夏威夷	1 211 537	0	0
罗得岛	1 048 319	0	0

其他国家怎么样?据报道,被闪电击中而死的人数最多的国家依次是:墨西哥(223),泰国(171),南非(150),巴西(132)。不过,按平均每年每10万人中有几人被闪电击中而死来看,最危险的几个国家如表8.3所示。

表8.3 被闪电击中而死,年平均死亡率最高的几个国家

国家	人口总数	死于闪电的人数	每10万人的死亡率
古巴	11 263 429	70	0.621
巴拿马	2 960 784	17	0.574
巴巴多斯	277 264	1	0.361
南非	42 768 678	150	0.351

当然,即便在这些国家,每年被闪电击中而死的人数也只占到死亡人口总数

的极小一部分。注意那可怜的巴巴多斯,虽然只有 1 人被闪电击中而死,但却在最危险的国家中排名第三,那是因为巴巴多斯的人口总数太少了,1 个人占的分量就很重。

闪电在分布上的不均匀性还能用来解释其他巧合。例如,2002 年,马克斯(Jorge Marquez)在他的一生中第 5 次被闪电击中,真是令人难以置信。(他都没受伤,虽然第 1 次击中时他的头发烧着了,假牙丢掉了。)考虑到被闪电击中而死是极其罕见的事,马克斯的经历似乎让所有的概率学家瞠目结舌。另一方面,马克斯是一名古巴的农场工人,想来很多时候是在室外工作,甚至下雨时也是这样。此外,我们刚刚看到了,就被闪电击中而言,古巴是世界上最危险的几个国家之一。所以,比起随机选择的一个人,马克斯被闪电击中的可能性要大得多。但即便如此,仍得说马克斯是一个很不幸的人。

说到运气差,还有助理导演米凯利尼,他在意大利拍摄梅尔·吉布森主演的影片《耶稣受难记》时,两次被闪电击中(但没有受重伤)。不知是否有神的力量介入。

不可能还是并非不可能

有些事情是极其不可能发生的,说起来已经成为一种陈词滥调了。有哪位父母没对孩子说过,要想不打扫自己的房间,那除非你买彩票中大奖了;或者想多要点零花钱,那除非你被闪电击中了。(我还想起了一句俗语"等到地狱冻成冰吧",但我缺乏用来计算这类事情发生可能性的数据。)这样的比较通常没有什么害处,也挺逗人的,虽然未必很准确,但曾有这样一种比较在公众间广为传播,造成了很不好的影响。

1980 年代中期,耶鲁大学和哈佛大学的学者对美国人的婚姻状况及其与年龄结构之间的关系开展了一项研究。他们得到的一个初步结论是,40 岁的未婚女性以后会结婚的可能性只有 1.3%。这一数据的小文章于 1986 年情人节刊登在康涅狄格州斯坦福《倡导者报》上。其后,经过几家主要媒体的广为传播,引起了对婴儿潮女性"婚姻危机"问题的大谈论。这也巧妙地吻合了当时反女权的保守主义思潮。比如,有人就暗示"找不到男人好嫁"得怨女人自己的经济地位太高,因为男人更愿意娶经济地位较低的女性。《新闻周刊》(Newsweek)上有一篇封面专题报道说:"多年来,那些聪明的年轻女性都在一门心思地谋求职业上的发展,以为到该结婚时再扒拉一个男的出来也不迟。但她们错了。"

《新闻周刊》甚至连天底下的概率学家也不放在眼里,它宣称,一位40岁的单身女性被恐怖分子杀害的可能性都要比她以后会结婚的可能性大。这一"事实"引起了人们的共鸣,它在大众媒体上及办公室的饮水机旁被谈论了好些年。《新闻周刊》的这一宣称给女性造成了伤害,引发了不必要的恐慌,暗示了婚姻是每位女性的头等大事;这些且不说,关键的是这一宣称是完全错误的。

我们知道,即使在2001年,每94 000名美国人中也只有约1人被恐怖分子杀害,即0.001%。这一数字与上述研究得出的1.3%的可能性比起来,小到不能再小了。(在2001年以前,美国本土实际上没有恐怖活动,相应的可能性就更小了。)所以,《新闻周刊》的报道完全不合逻辑,也不准确——就这么简单。(《新闻周刊》的一名实习生后来说,与恐怖分子作比较本来只是办公室里开的玩笑。)

没过多久,连1.3%的这一数字也受到了质疑。法吕迪(Susan Faludi)在《反挫:谁与女人为敌》(Backlash: The Undeclared War Against American Women)一书中写道,美国人口调查局的人口统计学家穆尔曼(Jeanne Moorman)直接研究了1980年的人口调查数据,推断出一位40岁的单身女性以后会结婚的可能性在17%—23%之间。她的同事、统计学家费伊(Robert Fay)在检查了一番哈佛—耶鲁合作的那份原始的未发表的研究报告后发现,作为那项研究基础的统计模型是有问题的,而且该研究假定妇女所嫁的男性一定是比她们大几岁。费伊还发现研究中存在的一些其他错误,在作出改正后得到了与穆尔曼类似的结果。费伊给那项研究的主持人写信说,他相信"这一番重新分析不仅指出了你的结果是不正确的,还说明有必要回到其余数据,以便更仔细地检查你的假定。"不过,与围绕着那项最初研究的广泛宣传相比,这样的订正和澄清基本上没有引起什么反响。

一位40岁的未婚女性最终会结婚的概率有多大?这一问题关注的是未来,因此有许多互相冲突的统计方法可用来算出答案,而每个答案又都会引来一些争论。此外,社会风俗及对年龄的看法也在不断变化,今天的40岁女性与过去的40岁女性在生活方式上也有所不同。尽管存在这么多的困难,但通过跟踪调查某一固定的女性群体在许多年间的婚姻状况,还是可能算出这个概率的。

例如,据美国人口调查局报告,1970年,美国40—44岁的女性中有4.9%的人从未结过婚。2001年的报告指出,在8 851 100位年龄超过75岁的美国女性中,有366 000人(4.1%)从未结过婚。一位在1970年40岁的女性,到2000年就变成70岁了,所以这两个统计数字针对的基本上是同一个女性群体。(当然,准确说来,她们并非是同一个群体,有或进或出的移民,还有人死亡。不过她们还算是具有一致属性的同一群人。)照这样推断,我们可以说,这一群体里40岁的未婚女性中,75岁以前会结婚的人占到的比例是0.8%除以4.9%,即16.3%。换句话说,1970年40—44岁的从未结过婚的美国女性中,约有16.3%的人最终会结婚。这个比例非常高,特别是如果你考虑到了那些女性中有许多可能从未想过要结婚。此外,这一数字比哈佛—耶鲁的那项研究得出的数字要大12倍多。与被恐怖分子杀害的可能性相比,就算在"9.11"期间吧,还是要大15 000多倍。而在今天,一位40岁还未结过婚的女性,与1970年的类似女性相比,她最终会结婚的可能性甚至更大。

尽管不能准确地算出某位未结过婚的40岁女性最终会结婚的概率是多大,但穆尔曼得出的17%—23%以及刚刚算出的16.3%看起来大致上还是正确的。无论如何,现在已普遍认为,哈佛—耶鲁的原始研究是有缺陷的,所得到的1.3%这一数字是完全错误的,而《新闻周刊》拿被恐怖分子杀害来比较更是无

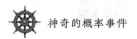

稽之谈。

小绿人

在所有的巧合当中,最大的巧合是我们这个星球上存在生命。人类得以立足,首先需要的是一颗合适的恒星(太阳)。其次,还需要一颗合适的行星(地球),上面有适量的水、空气和土壤,温度也很恰当。此外,生命得创造并逐步——经过数十亿年的时间——演化成像我们一样聪明的物种。

每个人都同意,有智慧生命的出现是极不可能发生的一件事情。但问题在于,不可能性到底有多大?

就某些方面而言,这一点还处于争议之中。毕竟,我们已经在这儿了,不管是多么的不可能。然而,我们出现在这儿的概率与有智慧生命会在别的某个地方出现的概率,两者是密切相关的。

在宇宙中的另一个地方发现有智慧的生命,这一幻想有朝一日若能变成真的,那将是多么重大的一件事。它将直接影响到我们的安全(如果那些外来生命对我们有敌意),我们的知识(如果那些外来生命有什么要教给我们),技术(如果那些外来生命让我们检查他们的机器),还有哲学(关于我们在宇宙中的地位及重要性)。我们的生活将彻底改变,但这种幻想有朝一日能实现吗?

搜寻地外文明计划(Search for Extraterrestrial Intelligence,缩写为 SETI)专注此问题已有很多年。该组织的现任主席德雷克(Frank Drake)曾于 1961 年设想了一个方程,来描述地外文明存在的概率。此方程要考虑已知恒星的总数目——据天文学家、SETI 理事会成员卡尔·萨根(Carl Sagan)说,有"上百亿颗"之多,然后再估计围绕它们运转的行星有多少颗,每颗行星的条件适合生命产生的概率及其确实产生生命的概率,并最终又会演化成某一有智慧物种的概率,等等。把可知晓的行星数目与上述所有概率乘在一起,就可算出有多少颗有智慧生命的星星正在遥远的星空等着我们。

问题是我们实际上不知道上述任何一项概率的大小。一颗行星的条件适合生命产生的可能性是多少？或者在一颗条件适合的行星上生命确实能产生并演化的可能性又是多少？谁能说清楚？一些人分辩说，宇宙中的恒星数目如此众多，在地球以外的某些地方肯定还存在着智慧生命，但可能性到底有多大？无情的现实是，尽管用高级射电望远镜深入、系统地搜寻了40多年，仍未在宇宙的其他地方找到有任何生命存在的证据。

　　有一个小小的例外。近年，对来自火星的化石样品的分析表明，在这一离我们最近的行星上有可能——仅仅是有可能，曾生活过微生物；甚至可以这样设想，地球上的所有生命也都是源于火星上的这种早期微生物，它们随陨石"落"到了地球上。对哲学家们来说，这种可能性说明了生命易逝的本质，以及我们也许都是移民，迁移的方式甚至比我们以前所知的都要深奥。对科幻小说和星空爱好者们来说，这一例外激发了对火星及其他行星的更多探索，也暗示了外星生命真正存在的可能，但对概率学家们来说，如果我们已知的太阳系中有两颗不同的行星而非一颗上产生过生命，那么地球也许就不再是那么独一无二的了。这增加了在一颗条件适合的行星上产生生命的概率，也扩展了我们对什么样的行星才适合生命产生的认知，进而大大增加了宇宙中除了地球和火星以外的其他行星上也能产生生命的概率。所以，如果火星上真的曾经存在过生命，那么宇宙中的其他某个地方存在智慧生命的可能性也就能出人意料地增加了。也许在宇宙中我们终究不是孤独的。

萨米·索萨事件

　　2003年6月3日，在与坦帕湾魔鬼鱼队的一场比赛中，芝加哥小熊队的棒球明星索萨（Sammy Sosa）把球棒给弄断了。比赛的裁判员注意到，弄断的球棒碎片里有一小段软木。索萨刚刚得到的那一分立即被取消，针对此一事件的调查随后也展开了。

在球棒上钻一个小洞塞入软木,球棒会变得更轻、更有弹性,因而击球效果可能也会更好。然而,这完全违反了职业棒球联赛的规则。索萨坦白承认他用的球棒塞了软木,但又说这是无意中犯的一个错误。他说这种夹心棒本来只是打算练习时用的,以便将球击得更远以娱乐球迷。这次比赛,仅仅这一次,他拿错了球棒。所以问题成为,索萨拿这根夹心棒参加正式比赛是出于疏忽,还是故意想作弊?索萨拿夹心棒参赛,这是唯一的一次,还是经常的行为?

对索萨有利的是,在弄断球棒以后的短暂时间内,他并没有企图把这根球棒藏起来或毁弃掉。调查人员用 X 线技术检查了索萨的锁柜里存放的另外 76 根球棒和他以前捐献给棒球名人堂的几根球棒,发现它们都是合格的。另一方面,那一赛季索萨的表现并不好,这可能会促使他采取一些出格的行为。

人们围绕着索萨的人品是否诚实、棒球历史上其他的夹心棒以及取悦球迷的必要性等话题,进行了激烈的争论。但从概率的视角来看,问题其实就是,索萨仅仅在这一次比赛中用了夹心棒的概率有多大?

处理该问题的一种方法是借助 p 值的概念。现在,p 值是指如果索萨只是在这一次比赛中用了夹心棒且会被抓到的概率。p 值要是很小,那么索萨宣称自己仅仅在这一次比赛中用夹心棒就很可疑了。p 值要是不算小,那么索萨的宣称也许是有理的。所以,p 值到底是多少?

关键的一点是球棒不是经常断。正式的统计数据虽然很难得到,但粗略地说,职业棒球联赛的每场比赛平均要用到 75 根球棒,其中折断的球棒最多有 3 根。所以,比赛中用到的一根球棒会折断的概率是 3/75,即 1/25。照这样推理,索萨在那一次比赛中用了一根塞软木的球棒,结果球棒折断并被抓到的概率约为 1/25,即 4%。这一 p 值很小,从统计学上来看足以判定为非偶然的。所以,照这样推理,就有一些统计学上的证据(虽然不是完全确凿无疑的)表明,索萨并非只是在这一次比赛中用了这种夹心棒。

能让 p 值变得更小的另一项事实是,即使球棒断了,所塞的软木也未必会被发现。确实,注意到有段软木的那位裁判叫麦克莱兰(Tom MoClelland),他正好也曾在 1983 年判决布瑞特(George Brett)的一次本垒打无效——因为后者的球棒上涂了过多的松焦油(虽然这一判决后来又被推翻)。所以麦克莱兰可能会仔细地检查球棒,执行起规则来也会比别的裁判要严格。换一个裁判,索萨也许不会被抓到。这意味着 p 值——如果索萨只是在一次比赛中用了夹心棒且会被抓到的概率——甚至比 4% 还要小。

关于 p 值有一项事实也许对索萨有利。塞了软木的夹心棒由于被钻过孔,有些地方是空的,所以也许没有正常的球棒那么结实,也就更可能会断。这么一来,即使索萨只是在一次比赛中用了这种夹心棒,他被抓到的可能性也仍然会很大,因为夹心棒会断的概率很大。如果这是真的,则塞没塞软木球棒断的概率差别很大,那么 p 值也会相当大,因而索萨的申辩就是有理了。

要说塞了软木的夹心棒比正常球棒更容易折断也不太可能,否则,即使在练习中也不会用这种球棒。但从概率的视角来看,索萨一事可简化为如下问题:如果塞了软木的夹心棒与正常球棒相比折断的可能性会大 3 倍,那么 p 值就会从约 4% 增加到约 12%——这一差别显然对索萨的宣称也是有力的支持。

索萨最后被禁赛 7 场,这一处罚很严厉,但与棒球史上其他类似事件比起来又有些仁慈。不过,索萨的行为是否故意,这一问题仍未得到解决。我们能有把握说的,要么是索萨一直在蓄意使用这种手段作弊,要么是塞了软木的夹心棒更容易折断,要么就是索萨确实很不走运,拿错球棒了。所有这些都归结为概率大小的问题。

抓住那些坏家伙

低概率事件还有另一项用处,就是有时能用它们来抓坏蛋。我们都看到过,电影或电视上一位侦探疑虑顿生,因为有些事情"不合情理",或者看上去很奇怪,不会仅仅是巧合。例如,几个表面上不相干的局外人都是替同一家公司做事,或者存入一位罪犯账户的一笔钱恰好与最近发生的一起抢劫案中被抢走的一笔钱数额相同。当令人惊讶或出人意料的事情发生时,它们会引起我们的怀疑,或者促使我们深入调查——期待最好的,同时担心最差的。

现代化的公司会用高速计算机来识别与正常模式不符的例外,以防止欺骗及其他犯罪行为的发生。例如,电话公司会运行计算机程序来检查你的长途通话费是否合乎你的通话习惯。如果你突然往苏丹打了1000美元的电话,而以前你又从未往非洲打过电话,电话公司就要起疑心了。他们可能会想,你的电话线是否已被某个地下运营商搭入,进而盗卖电话公司提供给你的长途通话服务(显然这也是常有的事)。电话公司可能会作进一步的探询,或者在极端的情况下直接把你的电话线切断,以挫败犯罪分子的图谋。

信用卡公司也会严密监视各个账户,以发现与正常模式有偏差的支付行为。例如,你每个月用信用卡支付的数额一般不会超过100美元,突然几个小时以内你要用信用卡支付8000美元来购买昂贵的珠宝,信用卡公司的计算机程序就会发出警报。信用卡公司可能要你证实确有那么一笔买卖,或者会立即冻结你的账户,直到你能证实该支付行为是合法的。

要决定哪些支付行为是可疑的,哪些不是,这可很复杂。如果标准定得太松,在还没有来得及对许多欺骗性支付行为采取措施之前,它们就已经完成了。如果标准定得太严,就要消耗很多人力,还会给客户带来很多麻烦,一切都是白费劲。所以关键是设计出这么一套统计方法,它能区分到底是非法的行为,还是诚实的客户在花钱上的一种完全正当的波动。

不幸的是,这么一套统计方法并非总是很管用。例如,我曾在付费电话机上打过两个短暂的长途电话。由于刚搬家,我的电话卡号码一时找不到,我就用信用卡支付了电话费。当天深夜,我回到家里,发现有一条银行发来的语音邮件信息,要我立即给他们打电话。我被告知我的信用卡上出现了可疑的支付行为,他们担心可能是欺骗性的。

我皱着眉头苦想着得花好几天一页页地检查信用卡支付清单,认清哪些账确实该我付,对那些没有根据的账则还要设法说服银行取消掉。听任命运的安排吧。我向银行的工作人员询问更多的细节。他放下电话去查我的文件,回来后他的声音有点窘。他解释说,计算机发了警报,因为我的信用卡账上有两笔出人意料的各5美元的电话费。对这一仅有的异常情况,人(不像计算机)一眼就能明白看出几乎不值得去调查。我猜他们的那一套统计方法当天是有些失常了。

当然,概率本身永远都不能证明有人确实做了坏事。当我们基于概率得出有关犯罪行为的某个结论时,得问问自己,犯这种错误的概率又有多大? 审判人员有时会因为太急躁用了错误的推理方法来估计有关的概率,结果就不能把自己犯错误的概率降到最小。

乘法的误用

你很生气,因为你的花坛又被人践踏了。你把4个孩子叫到一块,厉声训斥他们。

"你们谁踩坏了我的花,"你尖叫道,"我要把他找出来!"

你一个个地盯着他们,最后落在亚瑟身上,他最大。"我想是你干的。"你责怪道。

亚瑟想申明他的无辜,但你让他闭嘴,要继续开展调查。"隔壁的詹太太瞥了一眼,"你解释说,"她没看清是谁,但她肯定是个男孩。此外,"你突然提高了声调,仍然盯着亚瑟说,"你是男孩。你们4个中有两个男孩,所以凭运气不关你的事的概率为50%。"

亚瑟感到很委屈,但又想50%的可能性还是相当大的。也许他没事。

"还有呢,"你继续说道。"詹太太还说那个孩子的头发是金色的。你们4个中有3个头发是金色的,所以全凭运气,那个坏蛋的头发也正好是金色的概率为75%。"

亚瑟越来越紧张了,但你继续说着。"詹太太还看到了那个践踏花坛的人穿了一件蓝夹克。你们只有两个有蓝色的夹克衫。又是一个50%。"

亚瑟有些坐立不安了,但又不敢逃跑。"最后还有一点,"你宣布道,"那个坏蛋得有本事爬进花园。丽莎和杰尼弗都太小了,做不了那种事。你们中只有半数能做那种事。"

亚瑟想回话,但你打断了他。"别打岔!我正在搞调查呢!"你拿起一台便携式计算器,开始敲按键了。"我看看,50%乘以75%乘以50%乘以50%等于……"

你在计算时,周围一片沉寂。最后结论得出了:"只有9%;凭运气,你正好符合那个坏蛋形象的概率只有9%。就我看来,这一概率够小了。回你房间去,5个月不准出去玩!"

怀着受伤和沮丧的心情,亚瑟艰难地上楼回他房间去了。与此同时,你的另一个儿子乔纳桑,却偷偷地笑了。他满头金发,穿着蓝夹克,看上去真帅。现在他正跑出去享受自由呢。

实际上,把所有概率都乘在一起是不公正的。真实情况是,亚瑟和乔纳桑都是身手敏捷的男孩子,都有金色的头发和蓝色的夹克衫。所以,全凭运气,亚瑟符合描述的可能性是50%,而不是9%。毫无疑问,急切地想找到真相的你布下了一张不公正的结实的网,亚瑟被这张网捕捉住了。

当DNA鉴定技术(也叫DNA指纹分析)被用于刑事诉讼时,类似的问题也会产生,臭名远扬的辛普森案就是一个具体的例子。[①] DNA是我们每个人的遗

---

① 辛普森案被称为美国历史上最受公众关注的刑事审判案。1994年6月,辛普森被指控谋杀其前妻及好友。检方通过血迹的DNA鉴定及鞋印分析,表明辛普森曾出现在凶案现场,但辛普森的辩护律师说服陪审团相信,DNA证据存在合理怀疑的部分,包括血样证据被实验室科学家及技术人员错误处理等。在经过长达9个月的马拉松式审判后,辛普森被判无罪。——译注

传密码,除了同卵双生子以外,每个人的 DNA 都是独一无二的。不过,现在的 DNA 鉴定技术并没有比对整个 DNA 序列,而只是选择少数的"标记段"。如果取自嫌犯的 DNA 样本与取自犯罪现场的 DNA 样本具有相同的标记段,在某种程度上就能说明嫌犯有罪,但是在多大的程度上这样做是正确的呢?

与 DNA 鉴定有关的概率问题经常会引来争议和辩论,特别是在这种技术被用于刑事诉讼的早期(1980 年代末至 1990 年代中)。其中一个焦点是将不同标记段的概率乘在一起是否合理。不同的标记段是"相互独立的"吗? 如果是,那么相应的概率就可以乘在一起;如果不是,再乘在一起就不合理了。两方面的意见各有著名的统计学家赞成,而对嫌犯的定罪一时就被搁置了起来。

还有一个争论的焦点是,随机选择一个人的 DNA 样本,以计算该人与给定的一份 DNA 样本正好相匹配的概率。该从怎样的一群人中随机选择一个人呢? 从大到全世界的一群人中吗? 还是从住在犯罪现场附近的一群人中? 还是从与嫌犯同一种族的一群人中? 选择什么样的一群人作比对,这对于计算概率有显著的影响。

就算嫌犯的 DNA 样本与给定的一份 DNA 样本正好相匹配,并且随机选择的一个人的 DNA 样本与给定的那份 DNA 样本相匹配的概率非常小,那就能断定嫌犯肯定有罪吗? 也许他确实是无辜的。毕竟,在全世界的人群当中,要说另外还有人的 DNA 样本全凭运气正好与嫌犯的相匹配,这也不是什么令人惊讶之事。DNA 鉴定技术关注的是一个随机选择的人的 DNA 样本,与取自犯罪现场的 DNA 样本正好相匹配的概率,但真正重要的是嫌犯确实有罪的概率,这不是同一件事,且较难用数据来衡量。

辛普森谋杀案给这一问题提供了一个备受大众瞩目的争论平台。在两位被害人的身体附近找到的血液样本与辛普森的 DNA 样本正好匹配,在辛普森的车上及其住所后面的一只手套上找到的血液样本与受害人的 DNA 样本也正好相匹配,这样的证据似乎能强有力地表明辛普森是有罪的。案件的控方和辩方都找来被统计学家争论的一些技术问题,比如似然比、频率和混合度,以搞清这些匹配全凭运气发生的概率。控方的一位证人科顿(Robin Cotton)推断,随机选择的一个人的 DNA 样本,会与取自受害人身体附近的一块血污中的 DNA 样本相匹配——就像辛普森案那样——其概率比一亿七千万分之一还要小。

法庭上还额外出现了与统计有关的戏剧性的一幕:控方请来的一位统计学家外尔(Bruce Weir)博士,被迫承认在受法庭委托的最后关头做的一些附加计算中犯了一个错误。外尔博士很快改正了错误,全凭运气正好相匹配的可能性还是极小。然而,这一计算错误或许已经减轻了 DNA 证据的可信性,外尔博士也慨叹"这一错误将会让我耿耿于怀很长一段时间"。

最后,对辛普森不利的 DNA 证据倒也没有怎么被贬低为不重要。不过,处理了部分证据的警方调查人员福尔曼(Mark Fuhrman)侦探之前曾被指控发表过种族歧视的言论。辩方立即声明,福尔曼对非洲裔美国人存在偏见,他们怀疑警方可能有栽赃行为,所以像什么一亿七千万分之一之类的概率就完全是不相干的了。似乎正是这一怀疑,而非其他因素,导致陪审团最后作出辛普森无罪的裁决。在审判结束后的一次采访当中,陪审团的一位成员说:"我根本搞不清 DNA 什么的。对我来说,那只是浪费时间。它很抽象,在我这里绝对不担任何分量。"这位陪审团成员看似缺乏概率的视角。

围绕 DNA 鉴定的争论一直持续到今天,并且它仍是统计研究中一个活跃的领域。不管怎样,大多数统计学家还是认为,如果取自犯罪现场的 DNA 样本与取自嫌犯的 DNA 样本正好相匹配,那就能相当有力地证明犯罪现场的样本也是嫌犯留下的,当然这里还要假定样本的分析是正确的,没有栽赃也没有窜改。

利用概率来抓坏蛋的另一例子,请看下回分解。

濒临倒闭的赌场

作为本书中间的插曲,且让我们看看精通概率的私人侦探斯培德(Ace Spade)的一段有趣的奇遇。(阅读须知:严肃庄重的读者敬请跳过本章。)

* * * * *

这是一个寒冷的冬日,像数学证明的逻辑一样冷。窗户被风吹得噼啪响,与多丽丝的打字机发出的咔嗒声正相应和。"我去办公室了,多丽丝,"我急着叫道。"好的,艾司,"多丽丝轻轻地说,"我快要把办公室的开销记录完了!"

多丽丝语调轻松,是的,太轻松了。她和我都知道生意一直不好。没人想到概率的视角有什么用。多丽丝是可以信赖的,但把账加起来要花的时间,还不如一个电子返回它的低能态要花的时间长。

我在办公室里听到外面的电话响了。我屏住呼吸,是有客户要找我吗?"概率专家兼私人侦探艾司·斯培德办公室,"我听到多丽丝大声说道,"请问有什么事吗?"停了一会儿,我又听到多丽丝说,"请等一等,我去看看他能不能为你抽出空来。"一场会面正在安排着呢!

我能抽出空来,没问题。多丽丝知道那天我没有别的约会。她很快来到我的办公室,黑框眼镜也挡不住她两眼放出的光芒,她告诉我已安排好了与贝克赌场的丘辟特(Jenny Jupiter)的一场会面。

下午晚些时候,有人来了。几秒钟之后,多丽丝敲响了我办公室的门。"艾司,丘辟特来了。"丘辟特一走进,我竭尽全力才没让自己晕倒。她真是一个美人。亮金色的头发衬着深蓝色的眼睛以及翘起的嘴唇。双腿修长,令人想起枯燥的微积分课。一件毛线衫套在身上,宛如一个巨大的"∞"。我靠着桌子稳住自己,尽力保持镇定。

"呃,啊,请坐。"我结结巴巴地说。丘辟特很快坐下,但神情不大愉快。"哦,斯培德先生,"她开始说话了,"你得帮帮我!我丈夫——我是指我的未婚夫——开的赌场要完蛋了!本来前景很看好的……本来乔治要重振雄风的……本来我们的婚礼都要开始筹备了……"

我想过应该上前安慰安慰她,但相距不到 1.5 米远我可把持不了自己。我尽力摆出一副办正事的模样,说:"我一小时收费 100 美元。"最好在客户忧心忡忡时把价钱谈好。她点点头,我继续说,"现在你把详细情况告诉我。"

　　"哦,斯培德先生,"她说,"贝克赌场——那是我丈夫开的——业绩一向很好。银行的存款一直在增加,客人们也玩得很高兴。乔治和我正要筹备下个月的婚礼呢。我们盘算着要开一个盛大晚会,什么东西都有,钱我们是付得起的。但现在……"她用手轻轻拭了一下眼睛。

　　"继续。"我尽量做到不动声色。她看上去有些不安,但注意力是集中的,也很郑重其事,似乎她很清楚到这里来的目的。我赞赏这一点。我常说,在解方程之前要先弄清是怎样一个方程。

　　她渐渐平静下来,把手放在我的桌子上,露出了一个大而俗气的钻石戒指。"在过去的几个月里,事情开始倒过来了,"她继续说道,"客人们开始赢钱。银行的存款在减少。而就在过去的几天里,有两个高手各赢了一大笔钱,真的是一大笔钱。"她停了一会儿,想必是要让我感受一番震惊吧,然后直盯着我看,又继续说道,"我们都搞得要破产了,斯培德先生!"

　　我强迫自己把目光从她的毛线衫上移开,然后开动脑筋。这不合情理呀。对赌场来说,一切都在掌控之中。各种赔率都是定好了的,天平是朝有利于赌场的一方倾斜。的确,时不时地有个别高手赢钱,但从长远来看,赌场肯定是赚的呀。事实就是这样。这是大数定律。这是板上钉钉的事。

　　丘辟特站起身来,向我伸出手表示感谢。我发现自己在说:"我为什么不现在就跟你一道去看看呢?"

　　我们一起走进刺骨的寒风中。我的车像往常一样还在专卖店,所以她开车。她的车后座上散放着很多东西:财务文件啦、化妆用品啦、还有包在透明塑料纸里的半块金枪鱼三明治、一本廉价的平装言情小说以及一册希腊各岛的旅游指南,这册指南中还夹了一个信封。啊,希腊,几何的诞生地,大师的故乡,欧几里得、毕达哥拉斯、阿基米德，还有——

丘辟特一定察觉了我在东看西看。她哆嗦了一下，说，"你知道的，雅典昨天的气温很好很暖和，有21℃了。"她的脚踩在油门踏板上，我瞥了一眼，感到自己也想暖和暖和。

前些天下了大雪，所以车开得很慢，但最后我们还是到了贝克赌场。丘辟特走上台阶，我紧紧跟在后面，比想在鸡尾酒会上完成什么证明的数学家还要烦躁不安。

"就是这个地方，斯培德先生。"她用手画了一圈，告诉我说。我仔细观察了一下。跟别的许多赌场都差不多——后面有一个酒吧柜台，从一只孤零零的喇叭里传出低低的爵士音乐声，烟味浓密得象三角学中的恒等式。顾客们来回转，玩着21点、扑克牌、老虎机以及轮盘赌。他们中有些看上去很得意，似乎手气不错，有些则感叹自己像老彩民一样一直不走运。

丘辟特领我到后面的一间办公室。"这是我丈夫贝克。"她指着一位五大三粗长着鹰钩鼻子的人向我介绍道，"我是说是我未婚夫。"她一边纠正自己一边朝贝克腼腆地一笑，贝克也向她一笑。

"她很漂亮，不是吗？"等丘辟特走后，贝克问我。

"我没注意。"我冷冷地回答。

"我们下个月就要结婚了。"他继续说。他沉浸在爱情当中，活像刚选好论文课题的一位博士研究生。

"还是回到你的生意上来吧。"我催促他，"丘辟特透露最近你们一直在亏钱。我想知道详情，不要有遗漏。"

"是的，"贝克叹了口气，"唉，就在上一星期，有两个玩老虎机的人，都赢得了最高一等奖——得各付给他们两万美元呀！我可承受不起接连付出这么两笔钱！我要垮了！通常，一整年中也大概只有8次会有人赢得最高奖。肯定是哪里出了问题！"

这听来确实很糟糕。"那两个赢得最高奖的人,"我问道,"他们现在在这里吗?"在。贝克有点气愤地把他们指出来。一位是约翰逊,他还在玩老虎机,身穿一件外套,闪亮得像一枚两面都是正面的硬币。另一位是艾伯特,他已转到扑克牌那里去了,正不断输钱给一位叫理查德的奸诈小子呢。

　　"啊,奸诈的理查德,"贝克嘟囔道,"你在想他手中的牌肯定很强时,他其实在瞎诈唬。等你以为他肯定在瞎诈唬时,他又确实抓到了好牌。这小子从来没输过。"他这一番言语中的有些话触动了我的神经。从来不输,嗯? 没有人会从来不输。

　　我又四面看了一下。玩轮盘赌的桌子那儿,有个神情紧张的小伙子正在转着轮盘,收着赌注。轮盘快停下时,他就长声尖叫道:"请不要再下赌注喽!"贝克解释说,通常负责轮盘赌的是丘辟特,今天有事派了弗兰基,她现在在后面的房间里算账。围着轮盘的一些人看来是输了,神情落寞。当中有一位中年汉子,坐立不安,领结是松的,衬衣也脏兮兮的。"他叫贝塔,"贝克解释说,"几乎每天都来,每次都只下 10 美元的赌注——总是赌落在黑点。这家伙很不自信,有一半的时间都会中途罢手,不下赌。"说着他轻声一笑。

　　在玩 21 点的桌子那里,发牌的是叫丽莎的一位漂亮女人。她发起牌来真像一位行家,干净、利落,快得像一个贝奥武夫计算机集群。[①] 贝克说她干这活大致两年了,干得很好,额外的奖金拿得很多,但他并不了解她的过去。此刻,丽莎正在陪一位微有醉意的生意人玩,那人下的赌注很高,而且一有机会就分牌,但他似乎总是输,丽莎简直要把他的钱掏光了。贝克说那人叫麦克唐纳,一星期来两次,总是跟丽莎玩 21 点,最后总是带着比来时更伤心的神情离去。

　　我突然有了一个想法。"每台老虎机以及赌桌的账你们每天都去算吗?"我

---

① 贝奥武夫集群又称贝奥武夫群,是一种高性能的并行计算机集群结构,特点是使用廉价的个人电脑硬件组装以达到最优的性能。——译注

问。"那当然!"贝克哼了一声,有些不耐烦了,"你以为我在这里开的是一家乱七八糟的赌场吗?尽管我从来不看什么账本,但我们肯定是有的。"我们回到他的办公室,他立即叫丘辟特把她还在清点的账本拿来。

我们刚一落座,他就问我了:"你有什么想法呢?已查明真相了吗?"确实我觉得调查已经有了一些眉目。但就在那时丘辟特进来了,她拿着一个盘子,上面搁了账本以及两杯冒热气的咖啡。她把账本放在贝克的桌上,然后小心翼翼地倾身把一杯咖啡端在贝克面前,另一杯端在我面前。清点账本的工作并未让她花容失色,而我的思路却要断了。"呃,啊,谢谢你的咖啡。"我无力地致意道。

丘辟特微笑了一下——坚冰都要为此而融化——就走了。贝克和我都瞧着她的背影。直到她离开了房间,我才缓过神来,想着要去看账本。

"唔,你有什么高明的想法呀?"贝克问道,一边呷了一口咖啡,"我的意思是,付给你那么多钱,我们是要有回报的!"

我看着账本,上面记录了每一天、每台老虎机以及每张赌桌赢或输的数目。毫无疑问,账本证实了我的猜测。事情开始变得清清楚楚。"我想我已经找到是哪里出了问题。"我告诉贝克。

贝克兴奋地站起身来。"我早就知道你行。现在我们去把那些坏蛋揪出来!"他走出办公室,大叫道,"约翰逊!艾伯特!到这里来一下!"丘辟特刚刚从空着的轮盘赌桌边走过,贝克看见了,又叫,"丘辟特,你最好也能来听一下。"

贝克回到办公室,脚打了个踉跄,随即在椅子上颓然坐下。"哇,我怎么感觉不好呀?"他陷入了沉思,"我有点儿头晕。真奇怪,几分钟以前我还是好好的呢。"

那些人很快来了。"什么事呀?"约翰逊气鼓鼓地说,他的外套还是像以往那么发亮,"我在那台老虎机上投了有1000多美元了,现在我不能停!客人们是有一定权利的,你也知道!"艾伯特更为不安,只是嘀咕道:"暂时不跟那奸诈的理查德玩也许对我有好处。"其他几位顾客,包括麦克唐纳,甚至还有理查德,也把他们的头从门口探进来,想看看发生了什么事,但我的眼睛停在丘辟特身上,她慢慢地踱进办公室,靠在门边的墙上。

贝克的脸看上去很苍白,但他还是尽力吐出字来:"斯培德,告诉他们那……那什么……,"声音渐渐减轻了。他的指示尽管听来很弱,我还是把它当成了圣旨。

"听着,"我提高嗓门,"这里一直在亏钱,亏得又快又多,现在到了查明原因的时候了。"我的话引来了异口同声的质疑:"这不是我的问题。""你这话包含什么意思,先生?"对此我不作理会,继续讲下去。

"在过去的一星期里,有两位客人,"我直直地看着约翰逊和艾伯特,"各赢得了两万美元的最高奖,这种事情一年大概也只会发生 8 次。那么在一星期里就发生了两次的可能性有多大呢?"

"我要知道这种事那是活见鬼了!"约翰逊吼叫道,"坦白地说,我要关心这种事那也是活见鬼了!"他开始往门外走。

"别急,"我回应道,"我来告诉你吧。"我的这帮听众顺从了我的告诫,又叹着气坐回去了。"一年发生 8 次相当于是一星期平均发生 0.154 次。"这引来了一些抱怨,比如"怎么会赢 0.154 次呢?"但我继续说下去:"由于这一次赢得最高奖与下一次赢得最高奖是相互独立的,所以一星期里这种事情发生两次的可能性就是,"我可以感觉到每个人都在渴望听到答案,"刚好超过 1%。"现在每个人都一动不动,想该怎么来解释这一数字。"哦,这一可能性确实很小,"我点点头,"但还没小到绝不会发生的地步。实际上,大约每两年中就有一个星期会发生两次有人赢得最高奖的事——那就是你们的泊松簇呀——上一星期大概是到了该发生的时候了。"

每个人都在想我的意思,大家都保持沉默。有人又问泊松是不是"鱼"在法语中的念法。渐渐大家全醒悟了,我在替玩老虎机的那两人开脱罪名。这给他们带来了一阵愉悦,但随即他们的不满又回来了。"你把我们叫来就是为了告诉我们这么一件事吗?"约翰逊责问道。甚至贝克,尽管他还是头昏眼花,也抑制不住怒火地哀嚎道:"我们付给你那么多钱,你给我们的最好回报难道就是这些?"

我努力把局面再控制住。"老虎机上中头奖的事把我们都搞晕了,"我解释说,"一开始我也很困惑,你的老虎机都会定期检修,不可能被人做手脚。长远来看,它们肯定能给赌场赚钱,本来它们就是这样设计的嘛。所以你的亏损不是出在老虎机上面。这不合情理。"贝克似乎弄糊涂了,我继续说,"一旦我意识到玩老虎机一星期有两人赢得最高奖这种事并非是那么不可能发生的时,我就决定到别处去找找原因。"

我又把那帮听众吸引住了,于是我继续往下说。"我接着又想到了扑克牌桌。理查德怎么会总赢呢? 我怀疑他可能在作弊。"听到这话,理查德跳了起来,他举起拳头叫道:"你敢!"

"放轻松,"我对他说,"没事的。对每一局牌,赌场都要抽头,所以不管谁赢,赌场总是能获利的。"理查德看上去仍很吓人,所以我又加了一句:"由于今天赌场是我的客户,所以理查德是否用了堪比反证法一样的手段来把他的对手彻底打败,我并不关心。"他们被我这句话弄糊涂了——这年头谁还懂逻辑证明呀——但即便如此,理查德似乎是平息了怒气,他把手放下来,放在一边。这一瞬间,我看到他的左手袖子里露出一张方块 K 的一角来。由于玩扑克牌的人又不给我付工钱,我什么话都没说。

"接下来我们要转到玩 21 点的牌桌上来。"我宣布道,"丽莎是我见到过的手法最高明的发牌人。我敢肯定她来这里工作以前就是个行家高手吧。发牌发得这么快,我打赌她能随时甩出任何一张牌,没人比她更明白。"丽莎从门口探进头来,皱着眉,不知是我的暗示让她生气了,还是我对她才能的评价让她感到荣幸。

"她的高明不只表现在发牌上。起先我很疑惑为什么可怜的麦克唐纳每天都要来赌,尽管他每次都要输。后来我弄清楚了。这是用概率也预见不到的事情,这是爱情呀!他爱上丽莎了!"听到这话,麦克唐纳似乎受伤害了,他把头深深地埋在鞋子之间,就像落在势阱中的电子一般。而在丽莎不自在的表情当中,我察觉到了一丝微笑。赌场中别的客人都用谴责的目光看着她。真奇怪,这时我的秘书多丽丝的形象在我的脑海中闪现出来了。

"同样,"我告诉他们,"这没什么关系。不管丽莎以前是做什么的,现在她在替我的主顾效劳,替他大把大把地捞钱。她自己赚到的奖金也不少,朋友们。"那帮人带着一种新的恐慌盯着丽莎看,各自都发誓再也不玩 21 点了。贝克还是瘫倒在他的椅子上,似乎既为丽莎的表现满意,又担心我把秘密揭开会吓跑他的客人。

"最后我们得转到轮盘赌上来了。没错,那张可怜的、陈旧的、未尽其用的、被忽略了的、遭轻视的玩轮盘赌的桌子。"我对轮盘赌的描述引来了几个人的嘲笑,甚至贝克似乎也很失望。但是丽莎满怀轻蔑地开口了。"哦,算了吧!"她喋喋不休地说,"轮盘赌桌子与老虎机一样,我们也是定期检查和维护的!"有人低声应和道。

"那不错,"我承认,"但求二重积分可不止一种方法。"他们看来又糊涂了,所以我继续往下说:"起初我也没把轮盘赌放在心上。玩的人每次最多下 10 美元的赌注,一般只是赌落在红点或黑点,所以每次赌场要赔的话也就是 10 美元。此外,赔率都是定好了的,是对赌场有利,所以长远来看,玩轮盘赌的人没有谁能赢钱。别做梦。不可能。"听的人都同意。"千真万确!"其中一个还叫道。

"也就是说,"我的声音盖过了那一片喧闹,"如果公平地玩,没人能赢钱。"这句话招来了新的抗议。"我已经告诉过你了,轮盘是要检测的!"丽莎可以说是在尖叫。

"哦,我不是指轮盘本身,我是指下赌注。"我又引起了他们的注意,所以继续往下说,"当我听到弗兰基喊'请不要再下赌注喽!'时,我才突然醒悟过来。"

有人笑了,因为弗兰基的这种喊声已经多少留在大家的脑海里了。"我想,如果对下注不设截止点会怎么样? 如果球已经停下来了,你还能改变你下的注会怎么样?"

话音刚落,弗兰基走进来了,脸涨得通红,他本来羞怯地躲在另一房间里听。"你听我说,先生!"他号啕大哭。"我知道有人不喜欢我发指示的方式,但我是在尽心地工作,而且我从未让哪个小子在球停下后改变他下的赌注!"

"嗨,嗨,弗兰基,"我温柔地说,"没人责怪你出了什么差错。我知道你工作得很尽心。"这止住了弗兰基的哭声,但我敢断言他那激动的情绪仍未得到平复,他心里正在悄悄地流泪呢。对我们大家都幸运的是,他走出了房间。

"不,不是弗兰基,"我告诉其他人,"弗兰基是一个好青年。他只是临时来代替的。你们都知道平时是谁负责轮盘赌的。"他们当然都知道。听了我的话,每个人都转向丘辟特看,至少是那些还未注意到她的人。

丘辟特表现得很冷静。太冷静了!"哇,斯培德先生,"她微笑着说,"我真的希望我没做错什么事。如果需要我效劳,只要能把害惨我丈夫——我是说我的未婚夫——的那家伙找出来,那就尽管说吧,伙计!"她用那双深蓝色的眼睛看着我,头发舒缓地垂在脸颊边,我犹豫了一会儿,但我还是强迫自己向别处看,并继续往下说。

"丘辟特没有在轮盘上瞎弄,那样做太明显了。她只是让一位同伙时不时地撤回所下的赌注,在球停下以后,在他看到要输以后。这样的话,长远来说,他输的钱就要比赢的钱少,并最终得益。"

这引来了更多的抗议,连正在专心听的贝克也疑惑怎么区区的 10 美元赌注会造成那么大的亏空。"哦,当然,起初是不会造成很大的亏空,但设想一下这个同伙每天都来,待上 8 小时,每隔 30 秒就赌一次球落在黑点上。那么每玩 38 次中有 18 次球是会落在黑点上,他能赢到 10 美元。至于球落在别的点上,姑且设他只注意红点吧。假设当球落在红点上时,有一半的可能性他会设法撤回所下的赌注,那么平均来看,每次玩时他不是会输 53 美分,而是会赢——"我飞快地算着,"1.84 美元。那么一个月以后,他就能赚到——我想想——大约 5.4 万美元了。"

最后的这个数字真的把他们都雷倒了。一个月内,区区 10 美元的赌注怎么就能增加到 5.4 万美元呢? 重复、累积,这就是原因所在。长期来看,短期中小小的变化经过不断地重复,就会累积成巨大的变化——大得足以让贝克破产。有人很无礼地对我的计算表示怀疑,我立即回击道:"我是精通概率的私人侦探,小子。我是专业人士!"

"在检查贝克的账本时,"我继续说道,"我知道我要找什么。的的确确,过去 4 个月里,几乎每一天轮盘赌上的进账都是负的。而这,我的朋友们,像六月飞雪那么罕见。"现在他们的兴致更浓了。"哦,虽然不过是这里几千那里几千,但它们会越积越多。而且由于是丘辟特负责管理贝克的账本,这些古怪的数目别人谁也看不到。实际上,贝克本人也不知道出了问题,直到上一星期连着有两人玩老虎机中了最高奖,他才突然发现付不起账了。"现在所有人都看着丘辟特,既愤怒又惋惜。我知道要他们相信丘辟特有罪是困难的。不幸的是,我还没说完呢。

"最棘手的事情是找出丘辟特的同伙。不久我就找到了。她的车里有一份希腊各岛的旅游指南,她还知道雅典的温度。她在计划去希腊的一次单程旅游。旅游指南里夹的那封信中只可能有一样东西:一张飞机票。她会和谁一道去旅游呢? 哇,可能是一个希腊人吧,像贝塔那样,他肯定是希腊人,因为他的姓就是希腊字母表中的字母!"

听到这里,贝克努力想站起来。"贝塔! 贝塔!"他喊道,"到这儿来!"

"哦,贝塔已经走了,"我解释说,"丘辟特给他一发暗号,他就迅速从轮盘赌桌边走了。你叫丘辟特来的时候,她自己也正要走。他们早已准备好了逃跑,带着贝塔玩轮盘赌赢的钱,还有丘辟特手上的那只巨大的钻石婚戒。丘辟特经常挂在嘴边的什么'我的丈夫,我是指我的未婚夫',是故意要让我们掉进迷魂阵的。她要是会嫁给贝克,等掷硬币掷到连着100次是正面朝上吧。"

我的听众又迷惑了,贝克本人则看似要伤心欲绝,但我又很快地说下去。"当老虎机上中头奖的事不期而遇地发生了时,财务危机也提前暴露了出来,他们不得不赶紧跑。他们可能是打算昨天就走,但机场关闭了,因为有暴风雪。而后丘辟特照贝克的指示去把我找来。她只想拖延时间,以为在我发现什么之前她能跑得成。"我咧嘴一笑,环顾四周,"她算错了。"

赌场的客人们都不相信像丘辟特这么漂亮的人儿怎么会跟贝塔那么古怪的人一道跑。到揭开最后一项秘密的时候了。本垒打。证明完毕。不可放过一个坏人,也不可冤枉一个好人。

"还有一件事,"我解释道,"正当贝克叫你们都到这儿来时,他开始感到身体不适,头晕目眩。"对贝克的迅速一瞥证实了他仍处于这一状态。"可是他之前一直思维很敏锐,也很有精神呀。怎么会变成这样? 随后我搞清楚了:丘辟特端给他一杯咖啡,他喝了几口,结果就变成这样了。巧合吗? 不大可能。一天有1440分钟,为什么恰好在他喝了咖啡的一分钟里身体就不行了呢? 这一变化很微妙。这也是关键之处。丘辟特在咖啡里下了麻醉药,想把贝克弄晕,这样贝克就不会注意到她跑了。我敢说她也想把我麻倒——所以我什么也没喝。"看着桌上的杯子,我继续说,"我敢肯定化验员一定能检测出这些咖啡里掺了烈性酒。"

实际上,我不认识什么化验员——我是一个概率学家,不是化学家——但我明白某地方的某些人知道该检测什么。丘辟特一定也明白这一点,因为她突然伸出手去要把杯子都打翻。我早有防备,一把抓住了她的手腕。

现在我与我所见到的最漂亮的女人面对面站着。她嘤嘤地哭,这让她的眼睛看上去更蓝,睫毛更长。我感觉很糟糕,比起丢弃在数学系学生休息室里的一块火腿三明治来那是有过之而无不及。有时我疑惑自己为何要做精通概率的私人侦探,真的倒还不如在某地一家不错的大学里谋得一个受人尊敬的教授席位呢。

警察毫不费力地抓住了丘辟特和贝塔,他们被判入狱很多年,比完成一篇博士论文所需的时间还要长。贝克的生意又复苏了,他很感谢我,付给我双倍的报酬。

至于我,我发现不只是在数学里最简单即为最好。有时挨得最近也即为最亲密。多丽丝和我坠入了爱河,我们结婚了,婚礼办得简单平静。我们的私人侦探业务勉强维持。贝克出席了我们的婚礼,我们时不时地可以看到他。偶尔,他心情好时,会邀我们去他的赌场玩几回轮盘赌。他会使一个眼色,让我在赌球停在黑点而落空时,把赌注撤回,就为了让多丽丝明白这是怎么一回事。

＊　　＊　　＊　　＊　　＊

精通概率的私人侦探斯培德的故事就到此结束。美色、财富、毒药、欺骗、决心——概率论把它们都集中在一起了。

民意调查结果
的真实含义

2004 年,许多国家举行了大选,3 月 14 日西班牙,6 月 28 日加拿大,10 月 9 日澳大利亚,11 月 2 日美国。在这些选举的竞选阶段,民意调查如火如荼,都想估量选民们的意见,预测即将产生的结果。大多数民意调查都列出了所得结论的各种"误差幅度"。

　　• 西班牙大选前的一个月,西班牙社会研究中心完成了对 24 000 名西班牙选民的一次庞大的调查。他们预测,执政的人民党将得到 42.2% 的选票,反对方社会党将得到 35.5% 的选票。他们还断言,这一预测只有 0.64% 的误差幅度。

　　• 加拿大大选前的两天,EKOS 调查公司(EKOS Research Associates)访问了 5254 位加拿大选民,预测自由党的支持率为 32.6%,保守党为 31.8%,新民主党为 19.0%。他们还宣称,这一结果能"准确到 1.4 个百分点,20 次中有 19 次是这样的"。

　　• 澳大利亚大选前的两个星期,尼尔森调查公司(ACNielsen)采访了 1397 位选民,预测霍华德总理领导的执政联盟将以 52% 对 48% 领先于反对一方的工党,"误差幅度则是正负 2.6 个百分点"。

　　• 美国大选前的 11 天,路透社/佐格比(Reuters/Zogby)调查公司访问了 1212 位可能会投票的选民,得出的结果是小布什将以 47% 对 45% 领先于克里,误差幅度则是正负 2.9 个百分点。

　　类似的经民意调查发布的结论可说无时不有。这些调查意味着什么? 他们真能预测谁将赢得选举吗? 这个结论多大的程度上准确反映了选民们的真实意见? 它们所断言的准确度或误差幅度有何凭据? 它们真的有把握吗? 此外,为何民意调查在任何情况下都是挺要紧的?

　　公开的民意调查在现代政治生活进程中占据着一个特殊的位置。作决定、制订政策、评估表现以及开展竞选活动,都要以民意调查的结果为指南。政治家们嘴上可能会说他们"从不相信什么民意调查"或者"唯一算数的民意调查就是选举本身"，但实际上他们的许多决定都是按照最新的（或秘密的）民意调查结果作出的。

可以说，民意调查给我们提供的直接民主要多于选举本身所能提供的。在选举中，我们只是投票支持某一个政党或某一个候选人——所有的政党又经常在某些特定的事情上所见略同。而民意调查则会搜罗我们对于每一专门事项的意见，这些意见在政治家计划下一步行动时会被考虑进去，尽管不是直接地。

有时，民意调查似乎给全体选民提供了一个额外的交流平台。例如，2003年加拿大多伦多市市长选举有 44 位不同的候选人，其中至少有 5 位名声很响，来头很大。这些候选人的政治意见五花八门，选举的前景也扑朔迷离。然而，经过漫长的竞选活动之后——期间民意调查的结果会定期发布——有两位候选人脱颖而出：一位是中左派（最后赢得了 43% 的选票），另一位是中右派（紧随其后，赢得了 38% 的选票）。别的候选人（包括民意调查中最初的领先者）每人得到的选票都少于 10%。选民们利用民意调查进行对话，把范围很宽的市长候选人圈子缩减到很明确的几位有竞争力的人身上。

在 2005 年的英国大选中，首相布莱尔总结了大多数分析人士的意见，得出结论道："很明显，英国人民希望工党政府回归，但是在得票优势减少的状况下回归。"不过，"减少工党在得票上占的优势"这一选项并未在任何一张选票中出现。英国的选民们利用民意调查来平衡他们的选票，从而得到他们所想要的选举结果。

这种现象的另一个例子是 1995 年加拿大魁北克省的主权公决。由魁北克省居民投票决定魁北克是否要脱离加拿大，成立自己的主权国家。事关重大，许多魁北克人处于犹豫之中。投票结果若是很干脆的"是"，那么马上就要独立了，这是大多数的魁北克人所不愿看到的。另一方面，投票结果若是压倒性的"否"，那又会降低魁北克作交易的价码，让加拿大的其他省份轻视乃至忽略魁北克随后几个月在宪法及财政上提出的要求。每位魁北克人只能投一张票，赞成或反对。魁北克人小心翼翼地遵循了民意调查结果的引导,必要时还改变了自己的立场,最终在投票上设法达成了一种平衡——49.4% 赞成,50.6% 反对——这正是大多数魁北克人希望得到的。没有民意调查,这个如此接近的投票结果就可能不会出现。

《麦克林》(*Maclean*) 杂志在 2004 年 6 月的一次在线调查中发现,当被问及民意调查的结果是否会影响他们的投票时,高达 91% 的受访者回答说不会。但我对此不大相信。我觉得许多选民的确受到了民意调查结果的影响,他们也许只是没有意识到或不愿承认。

民意调查结果的含义

民意调查对于我们的社会及政治系统有着重大的影响,这一点看来是很显然的。但是,民意调查的结果到底意味着什么呢?

假设有个民意调查公司访问了 1000 个人,宣称所得到的结果是:"准确到 3.1 个百分点,20 次中有 19 次是这样。"初看之下,他们似乎是在说,20 次中有 19 次,下一回选举的结果与他们得到的数据的差距会落在正负 3.1% 的范围内。

实际上,一项民意调查要想得出一个让人确信的结果,需得对很多方面有着精确的了解:比如,在民意调查日与选举日之间的时间段里,选民的政治意见会如何变化;选民对民意调查人员所说的与投票时不一致的情况有多普遍;民意调查时还未作出决定的与那些不愿说出自己想法的选民,他们最后的行为可能会怎样;哪些选民会去或者不会去投票等,诸如此类许多难以捉摸的因素。

专家以及分析人士会想方设法了解这些因素,统计模型对此进行评估。然而,投票的意图实在是太复杂太微妙了,民意调查公司得到的结果不可能有如上所说的那么强大的预测效力。民意调查公司得到的结果甚至要远为平凡得多。他们所宣称的是,如果他们搞一个"全面的民意调查"——电话采访全省的每一位有资格的选民,那么 20 次中有 19 次,他们所搞的针对 1000 个人的民意调查的结果,会与那个全面的民意调查的结果差距在 3.1% 以内。

换个说法就是:如果他们接连搞 20 次类似的民意调查(即每次都电话采访随机选择的 1000 位成年居民,询问投票结果),大约有 19 次民意调查的结果会与"正确的"答案(也即在那一特定时刻,居民们会告诉给民意调查人员的真正的政治选择)差距在 3.1% 以内。

总而言之,民意调查并没有什么神奇的力量。它们不一定能准确预测民众实际上会做什么或者实际上会怎么投票。它们只能报告民众在电话里是怎么回答问题的。民意调查列出的误差幅度也与谁真的会赢得选举没有直接的关系;它只是描述了在评估所有合格的选民当被问及同样一些问题会怎么回答时,这一民意调查所具有的准确程度。

民意调查要面临的另一项困难是,政治立场是会变的,有时还非常快,非常有戏剧性。民意调查人员会竭力去预判这样的变化。例如,他们可能会试着去问一些问题来弄清候选人受支持的"深度":"如果在即将开始的辩论中你所选定的候选人表现得很差,你还会继续支持他吗?"或"如果在某些事情上他的立场你不赞同呢?"但这些努力作用有限,调查并不总是能预测选举的结果。不管怎样,诸如此类的考虑在任何民意调查的"误差幅度"中都不会反映出来。

选民的意见变化最引人入胜的例子当属 1948 年美国总统选举。选举前较早的民意调查显示,共和党候选人杜威将轻松战胜民主党候选人杜鲁门,领先幅度预计在 5%—15%。这一结果似乎是无可怀疑的,以致民意调查公司都懒得去做后续调查,看看最终选民的意见是否会变化,但选举结果是杜鲁门险胜,民意调查公司大为窘迫(约 30 家美国报纸立即取消了盖洛普民意调查结果的发布)。[1] 一片混乱之中,《芝加哥论坛报》(*Chicago Daily Tribune*)竟然以头条登载

---

① 盖洛普调查公司是由美国数学家盖洛普(George Gallup)于 1930 年代创立的,是全球知名的调查公司,其结果常被媒体引用。——译注

"杜威击败了杜鲁门",而当时杜鲁门已经胜券在握了。

现在,民意调查公司吸取了 1948 年的教训,直到选举前一两天都还是要搞例行的民意调查,但即使这样做,也不能完全避免出差错。在 1992 年英国的大选中,民意调查预测基诺克的工党将以微弱优势战胜梅杰的保守党,但最后清点选票发现,保守党以微弱优势领先(在总共 651 张选票中,仅领先 21 张)。保守党于是继续执政直到 1997 年。我在英国搞统计的朋友对于 1992 年的选举结果是双重的失望:一方面是对于保守党(它被认为不怎么资助大学)再次当选失望,另一方面是对于民意调查预测错误失望。有些评论员指责说,导致最后时刻选民意见发生关键性转变的,是选举当日平民小报《太阳报》上刊登的一则反对工党的头条报道。

在 2004 年加拿大选举之前的几天里,EKOS 调查公司以及其他几个民意调查都显示,自由党和保守党的得票率都约为 31% 或 32%,结果极为接近。然而到了选举那天,自由党得到了 36.7% 的选票,保守党是 29.6%。自由党从预测中的与保守党打成平局,变成了轻松地战胜了他们。这到底是怎么回事?似乎在投票前的最后一天,有 5% 的选民因为担心保守党会赢得选举,故而把票投给了自由党,这些票本来大部分是要投给新民主党的。("对自由党的支持一夜之间突然增加了"。新民主党的一位资深顾问如此哀叹。)投票上的这一偏移足以让自由党稳稳获胜,而不是什么打成平局。后来,许多人指责民意调查公司无能,但实际上他们是出人意料地被发生在最后时刻的投票偏移所害——换句话说,是民主害了他们。

2004 年的西班牙选举更富有争议。选举前 3 天,恐怖分子炸毁了人们上下班乘坐的四列火车,有 191 人遇害。政府官员立即谴责巴斯克民族分裂主义组织埃塔,后来却发现是基地组织干的。政府因此遭到了广泛的批评,一方面是因为前一年美国入侵伊拉克的行动,另一方面就是因为在火车爆炸事件上误导了公众。这进一步导致了大量的选票从政府一方流失,结果在选举当日执政党遭遇了惨败,而本来在选举前民意调查是显示会稳操胜券的。又一次,民意调查的误差幅度并没有预测到事情的戏剧性的变化。

民意调查人员还会遇到一个难题,人们并不总是说真话。有些人在问到投票意向时并不诚实。如果这种不诚实是随机的,没有什么特别的模式,那么民意调查的结果仍然有效。然而,如果受访者的不诚实偏于一个特定的方向,那么民意调查人员就有麻烦了。

比如,在美国的选举中,当候选人是非洲裔时,许多人不希望自己表现出种族主义倾向,因此他们会告诉民意调查人员(以及别人)自己打算投票支持一位非洲裔的候选人。然而,到了选举那天,他们中的一些人又会把选票转投给另一位候选人。所以,民意调查对于非洲裔候选人得票率的估计往往会略为偏高。丁更斯(David Dinkims)就是明证。1989年,民意调查显示他能轻松赢得纽约市市长的选举,但实际上他赢得很险。1993年,他又被预测会以微弱优势再次当选,但实际上他以微弱劣势输给了朱利亚尼(Rudy Giuliani)。同样,1996年,非洲裔候选人(北卡罗来纳州夏洛特市的前任市长)甘特(Harvey Gantt)被预测会挤掉参议员赫尔姆斯(Jesse Helms);但实际上他输了,落后了好几个百分点。

每次选举中,都有一些选民说"还没有想好"怎样投票。民意调查在统计时一般不把这部分选民算进去。这样做通常不会引发什么问题。不过,如果由于某种原因,那些还没想好的选民倾向于最后采取同样的行动,那么民意调查的结果可能就会因此而存在偏差。这方面的一个重要例子是魁北克独立一事。现在我们已经知道,在讨论魁北克独立问题时,许多魁北克人都宣称自己"还没有想好呢";其实他们打算投反对票,可来自朋友和邻居的压力又迫使他们投赞成票。[正如克雷蒂安(Jean Chrétien)在1980年那次全民公投之后所言:"对于联邦主义者们(投反对票的选民)来说,保持沉默直到走进投票站里的圈票处,这要更容易做到。"]民意调查公司在评估有多少民众会支持魁北克独立时,通常认为还没有想好的选民中有75%会投反对票,有25%投赞成票。如果不作修正,那他们搞的民意调查就会过高估计民众对于独立一事的支持了。

有些选民干脆拒绝参加民意调查。也许是天性孤僻,也许是太忙,也许他们根本就反对民意调查这种事情,也许是不在家接不到访问电话。最新的一种情况是,也许他们只用手机(民意调查人员不得拨打手机,因为接听手机的人可能要为打进的电话付费),故而通过电话搞的民意调查就接触不到这些人。不管怎样,如果这些选民意见很多且不特别偏向某些特定的立场或候选人,接触不到这些选民对民意调查结果的准确性就无甚影响。另一方面,如果这些选民在投票时趋于行动一致(例如,新来的移民也许不大信任民意调查人员,但他们也更有可能会支持一个特别的政党),那么民意调查的结果就会存在偏差。一些民意调查人员担心,随着越来越多的人开始厌烦不期而至的电话采访或只用手机,这样的问题会变得越来越突出。

许多宣称支持某个政党的人到了选举之日却不去投票。因此,现代政治组织的一大部分工作是安排志愿者去提醒他们的支持者选举日到了,或者干脆护送他们去投票站,或者用别的方法鼓动他们去投票。如果各个政党在鼓动自己的支持者去投票这件事上都做得很成功,那么民意调查结果的准确性再次不会受到什么影响。但是,如果在这件事上一个政党做得比另一个政党明显要好,那么最后算选票时,前者所占的百分比就会超过民意调查所预计的了。

漠然党的悲惨故事

经过仔细考虑,你断定最佳的生活方式是对什么都保持漠然。你梦想着一个人人都是电视迷的国度,人们颓然而坐,亘古不变地看着低俗的电视节目。为了让这个梦想变成现实,你创建了一个漠然党,致力于在全国各地推广漠然。

选举前的民意调查显示,你拨动了人们的心弦。有40%的国民对民意调查人员说,他们支持你的想法。选举的胜利唾手可得。

选举日到了,你震惊地发现,没有一个国民去替你的党投下一张选票。看来你所有的支持者们都待在家里看电视呢。

在对一些有争议的事情或不合法的行为（如吸毒）开展调查时，民意调查人员尤其要小心谨慎。例如，近来的一项调查指出，有 14.1% 的受访者在过去的 12 个月里用过大麻——几乎是 1994 年的数字 7.4% 的一倍。大麻的使用真的增加了吗？抑或是在 2004 年，与 1994 年相比，有更多的受访者敢于承认自己（非法）用过大麻？所以，单从调查数据本身来看，无法作出判断。

处理该问题的一种方法是采用随机应答的民意调查方式。例如，民意调查人员要每一位受访者先掷一枚骰子（秘密进行）。如果骰子显示是 6，受访者对下一个提问就直接答是；否则，受访者对下一个提问就要如实答是或否。这么一来，受访者在回答提问时的担心就少了：即使他们答是，民意调查人员也绝不会知道他们是否真的用了大麻，只不过骰子显示了 6。

民意调查人员怎么分析这项调查得到的数据呢？利用概率论的知识！假设有 12 000 人接受了调查，每人都是先掷一枚骰子，然后再答，如上所述。又假设有 3800 人回答说是，其余的人回答说否。现在，平均每六个人中有一个人（总共 2000 人）会掷出 6，因此会回答说是。从全体受访者中去掉这一部分人，那就还有 10 000 人，他们对提问会如实作答，其中又有 1800 人回答说是。这就说明约有 18% 的受访者在过去的一年里真的用过大麻。这一估计（18%）可能是很准确的，因为随机应答的设计容许人们诚实地说话。

最后要说的是，有时混乱的产生只是因为民意调查设计得不好，问题阐述得不清，即使结果本身完全是有效的。例如，根据报道，在 2004 年美国总统选举中，对刚投完票准备离开的选民所作的民意调查显示，当被问及影响他们投票的最重要事项是什么时，更多的选民选择"道德价值"。批评最终的获胜者小布什的人说，这证明了小布什的支持者们都是极端的基督教保守主义者。保守派人士则分辩道，民意调查结果表明美国公众从根本上说更有宗教意味了，更信神了。但是进一步的探询表明，只有 22% 的受访者选了"道德价值"。此外，这一名词对于不同的人可能有不同的含义，相比之下，调查人员提供的另外六个选项

（如"伊拉克""恐怖主义""医疗服务"等）在含义上则要明确得多。实际上,有19%的选民选了"恐怖主义",有15%选了"伊拉克",总计为34%。所以,如果在设计民意调查时,将这两项合并为一个单一的选项（"安全"或"外交政策"）,民意调查的结果可能会显示"安全"是选民们头一位关注的事项。这是一个完全不同的结论,也可能是一个更准确的结论。

民意调查中的偏倚

民意调查的一个最大的潜在问题是偏倚。

我们都很熟悉这样的人,他们通过去问一些亲密的朋友在想什么,进而就推断出"每一个人都在想什么"。从概率的视角来看,我们可以说,这种民意调查的取样是有偏倚的——他们的朋友都赞同他们,并不意味着别人也都会这样。

同样,人们都有这么一种倾向,就是只会注意与自己的立场相一致的事实或论据,而将其余忽略不计。例如,我有一个朋友,她比我更相信男孩和女孩在内在行为上的差异。她注意到她的小儿子喜欢摆弄玩具汽车,而这就"证明了"他天生的男性气质。然而她的儿子实际上也喜欢花,但我的朋友却选择无视这一点,仅把它当成无关紧要的毫不相干的小偏差,而这也就更进一步加深了她对那套传统的有关性别的说法的信仰。

在广告中可以轻松地找到带有偏倚的民意调查的例子。例如,电视上有很多的商业广告,宣传各种各样的能帮助减肥的食品或健身用品。这些商业广告中无一例外地会有满意的顾客亮相,极力赞美在有关产品的帮助之下,他们的体重降了多少,或者衣服尺码减了多少,或者身上某些部位细了多少。问题在于,这些顾客都是商家挑选的。可能还有很多顾客用了有关产品以后,体重并没有降下来（甚至还涨上去了）,但你在电视上看不到他们。这样形成的有偏取样在统计上根本没有任何权重（不是身体的重量）。

出于类似的原因,我们绝不应该相信由商家或政党直接去搞的任何一个民意调查,他们与结果是有利害关系的。总之,有选择性的报道以及有偏取样都能影响民意调查的结果,除此之外,提问的措词或者提问的腔调对结果也会有影响。考虑以下两个提问:"你同意臃肿的政府应该给那些努力工作的私营企业减税吗? 这样它们会更有效率,能创造出更多的就业机会,因而对我们每一个人也都有好处。""你同样应该容许那些富有的跨国公司保留更多的巨额利润吗? 这样它们对于诸如医疗服务、教育以及公共交通等社会的基本需求方面的贡献就会更少了。"以上两个问题问的大致是同一件事情,但得到的回答可能会很不相同。

由公司、政治家、甚至超凡的个人委托并资助民意调查是好事,但民意调查本身应该交给独立、专业、有经验的民意调查公司主持。只有当民意调查的主持方能保证调查的对象是从整个人群中随机选取出来的,不带任何偏倚或喜好,调查的结果才能视为有效。

老去的滑冰者

孩童时期,你就很喜欢学校组织的外出滑冰活动。你和同班同学一起挤上黄色的公共汽车,到了滑冰场,在那儿飞快地穿行于冰面。你的滑冰水平虽然从未跨入一流,但肯定是在平均线以上,你总是玩得很高兴。

多年以后,你看到一块招牌上说,市中心的一个滑冰场每周有一次成人滑冰活动。出于怀旧之情,你买了双二手滑冰鞋就去了。这双鞋很合用,你又想起了记忆中的那些动作,心情非常愉快。

但是,环顾四周时你很惊讶地发现,大多数滑冰者在展示炫人的速度、优雅的转身、后退移动,甚至还有跳跃和旋转。场子里约有100位滑冰者,毫无疑问你是滑得最差中的一个。

怎么会是这样呢? 你的滑冰水平真的变得那么糟糕了吗? 你想还不至于吧。但如果不是,你的滑冰水平怎么会从平均线以上掉到最差的那一流呢? 那些滑冰比你差得多的小子都跑到哪里去了?

你马上醒悟过来:这都怪有偏取样。凡是定期来滑冰的人都是喜欢滑冰并且滑得很出色的人。那些小时候滑得不好的人现在都去哪里了呢？他们很少再出来滑冰了，今天这儿就没有几个，所以你无法与他们比较，从而让自己看上去滑得较好。

我们已经看到，对于这种我们每天都会不自觉地去做的非正式民意调查，偏倚确实是一个问题，但由那些有声望的民意调查公司主持的正式的官方民意调查又会怎么样呢？他们难道不会小心谨慎地尽量避免在调查中出现偏倚吗？

通常的回答是会的。专业的民意调查公司凭借着多年的经验，确实能避免把偏倚带入他们的调查之中。这也正是他们的预测一般会与选举日的实际结果很接近的原因所在。不过，在某些特殊的情况下，其他形式的偏倚又会冒出来。

例如，1995 年，加拿大安大略省选举产生了一个保守主义的政府，制订了一项雄心勃勃的福利改革计划。他们要将福利津贴缩减 21.6%，并将领取津贴的条件设置得更为严格。政府宣称这将激励那些领津贴的人摆脱依赖而去找工作；批评者们则称这样做将让社会上最贫困的民众陷入悲惨和艰辛的境地。实际上，靠领津贴过活的民众确实很快就减少了，不过对于为什么会这样或者以前那些领津贴的人现在怎么样了，则有着广泛的争论。

为了应对这样的争论，政府下令搞一个民意调查。1996 年 10 月，一家私营的民意调查公司打电话采访了当年 5 月起不再领津贴的人。据这家公司报道，这些人中有 62% 是把找到了新工作列为不再领津贴的原因。"大多数的人因为与工作有关的理由而不再领津贴了。"社会保障部部长自豪地宣布。

但是，存在一个问题。民意调查公司试着去联系了自 1996 年 5 月起就不再领津贴的所有 16 219 位民众，可是只联系上了其中的 2100 人。别的 14 119 人怎么样了？他们中可能有许多人已经被迫迁居或者没有了电话，或者因为别的原因找不到了。总而言之，那 2100 名受访者构成了有偏取样。在他们中间仍有38% 还没有找到工作。而在没有联系上的 14 119 人中，大多数可能也还没有找到工作，他们的境遇比以前要更差。不过，经由好几天公开的辩论——加上仔细地考虑取样上的偏倚,这一结论才水落石出。

选举日当晚的紧张

在选举日的晚上也会产生一种不同形式的偏倚。通常,清点选票并报道结果得花好几个小时,所有的结果是一点一点地汇聚到新闻中心的。你也许会想,这种获取信息的方式没有什么偏倚呀——毕竟,参与选举的工作人员本身都是绝对中立的,他们也想尽快把结果报道出来。如果时间延迟与人们的投票方式没有任何关系,那它们也不会对结果是怎么报道的产生影响。然而,有时投票结果与时间延迟是会有某些联系的。

最引人入胜的例子发生在1995年魁北克主权公决之夜。由于结果非常接近,可说是命悬一线吧,数百万加拿大人当晚都被吸引到电视机前。投票安排在晚上8点结束,从8点半开始,结果陆陆续续地出来了。起初,数据显示赞成方领先。随着更多数据的到来,赞成方仍是继续保持微弱的领先,甚至一两个小时以后,多数选票已清点完毕,赞成方的得票比例还是要略微超出一半。直到将近晚上11点,反对方的得票数才慢慢超出,直到过了11点半了,全国主要的新闻网和加拿大广播公司才正式宣布反对方获胜。

怎么会这样呢?超过半数的选票已清点完毕,赞成方仍处于领先,怎么最后还会落败呢?如果只有1000位受访者的民意调查结果都能认为是准确的,那么通过调查超过半数的选民得来的结果岂不应该更准确吗?

当然,部分原因是双方的得票太接近,以致在统计时,任一个小小的变化都能影响是哪一方领先。但更为根本性的答案是,清点选票上的延迟不全然是随机性的。确实,最严重的拖延发生在蒙特利尔都市区。到晚上10点左右,其他地区的大多数选票都已清点完毕,而蒙特利尔都市区的相当一部分选票还未清点。此外,蒙特利尔有大量民众是不讲法语的,视野更开阔,因此反对方的支持者多数是来自这里。10点之前对部分选票的清点是有偏倚的;这里面有太多的来自蒙特利尔以外的赞成票,相比下来自蒙特利尔的反对票则不够多。由于这一偏倚刚好如此,才使得 10 点时清点选票的结果是赞成方占多数,尽管整个魁北克是多数人投反对票。这就是有偏取样带来的危险,即使在选举当晚这一危险仍可能存在。

　　另一个有趣的例子是 2000 年美国总统选举中佛罗里达州的选票清点一事。现在大家仍记得,选举以后,围绕着蝶式选票、挂角票①、人工计票,各党派的选举官员以及最高法院为了作出裁决,进行了很长时间的争论。其实在此之前,佛罗里达州的选票清点就出现了一种额外的混乱。在选举日的东部时间晚上 10 点左右,大多数的电视网络都预测戈尔将轻松拿下佛罗里达,有几家甚至宣称戈尔将因此赢得整个总统选举。约一个小时以后,他们又被迫收回预测,因为佛罗里达的结果突然变得"太接近了,最后怎样还不好说",而这实在也只是一种轻描淡写的托词。

　　发生了什么事? 那些电视网络忘记了时区差。佛罗里达州的多数地方属于东部时区,然而西北的佛罗里达走廊一带却属于中部时区。由于佛罗里达州各处的投票都是在当地时间晚上 8 点结束,这就意味着走廊地区清点选票要晚 1 个小时开始。又由于走廊地区的选民大部分是支持共和党的,电视网络低估了共和党在佛罗里达州的得票率,错误地预测戈尔会在那里稳操胜券。说来那些电视网络还算幸运,因为佛罗里达州的最后结果实在是太接近了,故而引起了争议;否则,他们的错误可能会遭到更猛烈的批判呢。

小布什 VS. 克里

　　2004 年的美国总统选举是小布什对阵克里,这也给观察与民意调查有关的

---

① 原文 hanging chads, chad 最初用来指数据带打孔时打下来的小纸屑或者卡片的孔屑。这种穿孔小卡片后来在选举中被用作选票。选民用打孔器在自己想选的候选人名字旁打孔。有的 chad 跟选票只是一丝相连,因此被称为 hanging chad。——译注

各种各样的事情提供了很好的机会。

人们对这次的选举热情高涨，因为预计双方得票会很接近，也因为小布什当总统的前一任期引发了选民的两极分化（大多数人要么喜欢他，要么厌恶他）。选举前搞了许多次民意调查。在 11 月 2 日前的数星期里，有两家公司每天都搞民意调查，而几乎每一家民意调查公司和新闻媒体都资助了至少一个民意调查。

选举前的民意调查都显示结果极为接近，简直在"误差幅度以内"。几乎每一位评论员都只是简单地说，竞争"太激烈了，最后怎样还不好说"。一家调查公司拉斯穆森报告公司（Rasmussen Reports）连续几个月，每天都要调查 500—1000 名美国公民。即使这样，他们也断定，在大多数州，双方的机会都"各占一半"，每位候选人都有可能赢得选举。清楚地知道一场选举的结果将会很接近，这很重要，它会激发政党的志愿者不知疲倦地参与竞选活动，激发选民去投票，还会激发候选人密切关注选民的意见。不幸的是，这一信息对于民意调查的主要目的——预测谁会赢，没什么帮助。

尽管预测的结果会很接近，但选举前搞的大多数民意调查还是显示小布什会领先，虽然领先优势很小，只有几个百分点。而且，那些民意调查中的所有结果都预计双方的接近程度比误差范围还要小，因此"从统计上来说双方是不分胜负"。不过，也许能把所有这些不同的民意调查结合起来，有效地创造出单独的一个更大范围的民意调查。

这又有什么用？在下一章我们可以看到，一个更大范围的民意调查对应于一个更小的误差幅度。如果有一连串的民意调查都显示小布什会稍稍领先，那就比只有一个显示同样结果的民意调查要可信得多。所以，在选举之前的几天，情形似乎很清楚（至少对于我是这样的），总的来看民意调查是预测小布什会险胜。虽然别人几乎都在宣称这场选举"太接近了，最后怎样还不好说"，我却相信，除非在最后时刻选民的意见有什么较大的出人意料的变动，小布什会以几个百分点的优势赢得选举。

尽管选举前搞的大多数民意调查的结果都相当一致(显示小布什会领先几个百分点),但是有一些民意调查却持不同意见。特别是由《时代》杂志和《新闻周刊》分别搞的两个民意调查,都显示小布什会领先整整 10%。就连拉斯穆森公司的拉斯穆森(Scott Rasmussen)自己也每天主持跟踪性的民意调查,分析这一差异,得出的结论是,这两家杂志搞的民意调查所选择的调查对象中,注册的共和党人占的比例太高。因此,这两个民意调查在取样上偏向共和党一方。如果舍去偏倚因素,结论就与其他民意调查类似:小布什会领先几个百分点。

　　选举日的晚上还出现了更多令人兴奋的事情。随着时间的推移,几乎可以肯定如果小布什能拿下佛罗里达州和俄亥俄州,那他就能赢得这次选举。另一方面,到场投票的选民比预计的多,而有人认为这对克里有利。此外,针对已投票的选民搞的出口处民意调查(选择刚刚离开圈票点的一些选民,问他们是怎么投票的)似乎显示,克里在俄亥俄州要稍稍领先,甚至在佛罗里达州也是。他在最后一刻能奋力创造奇迹吗?

　　计票开始后,小布什很快在佛罗里达州和俄亥俄州都居于领先位置,领先了 4%—5%,这与出口处民意调查所预测的不符。是出口处民意调查搞错了,小布什将拿下这两个州并赢得选举? 抑或,这一情形与魁北克主权公决中清点选票时的情形类似,是某些共和党控制地区的选票计数得比别处更快,因而搅了局?

　　网络分析人士对这一问题几乎不知该怎么回答。即使佛罗里达州的选票已清点了 75%,小布什仍以大约 52% 对 47% 领先,美国有线电视新闻网(简称CNN)的格林菲尔德(Jeff Greenfield)依然声称现在下结论还为时尚早,因为"我们不知道已清点的选票来自哪里"。这很奇怪,在 CNN 的网站上就可以公开地看到佛罗里达州每个县的选票细目呀。通过检查这些数据我发现,清点选票的工作进展得相当平稳:有些县已清点完毕,另一些只清点了大约一半,但没有什么明显的迹象表明支持小布什的地区的选票清点得更快,或者支持克里的地区的选票清点得更慢。没有理由认为,后面选票的清点会给最终的结果带来什么大的变化。在佛罗里达州的选票清点完之前的一个半小时,我就知道小布什已经拿下了这个州。

俄亥俄州的情况更为有趣。清点选票的初期,也是显示小布什以52%对47%领先。然而,由于有大量的选民前来投票——有人怀疑,投票站设得不够多——许多俄亥俄州的选民不得不排队等上4个小时或者更长时间,那儿的选票清点工作进展得自然也非常慢。投票结束几个小时了,还只清点了约1/3的选票。小布什会继续领先吗?仔细检查有关的数据(CNN 网站上也有)可以发现,俄亥俄州凯霍加县(克利夫兰及周边地区)显得很特别。这个县的选民相当多(超过50万,俄亥俄州许多别的县只有2万选民)。此外,这个县的选民中有2/3是支持克里的,而已经清点的选票还不到一半。随着凯霍加县剩下的选票继续清点,克里的得票率肯定会上升。然而,经过快速的计算,我相信,克里在凯霍加县能获得的选票数还不到为了超过小布什他还必须获得的选票数的一半。

所以,到东部时间晚上10点钟,我已敢肯定(虽然不太高兴)小布什将一并拿下佛罗里达州和俄亥俄州,因而会赢得这次选举。与此同时,由于4年前预测错误的阴影还在,大多数的电视网络对于佛罗里达州的选情下结论要等到当天很晚,至于俄亥俄州,那更是要等到第二天早上了。

最终结果如何?小布什与克里的总得票率分别为51.5%和48.0%,与选举前搞的民意调查得出的平均值非常接近。在佛罗里达州,两人的得票率为52.1%和47.1%,这正与清点选票初期显示的结果一致。在俄亥俄州,两人的得票率为51.0%和48.5%,差距略小于清点选票初期显示的结果(这要归因于凯霍加县了),但小布什仍不失为优势明显。总之,尽管电视网络很是小心翼翼,但与选举前民意调查的预测以及清点选票初期显示的结果相比,整个选举真的没有出现什么令人惊讶之处。

唯一剩下的难解之事就是那些出口处的民意调查了。在旧的美国选民新闻服务处解散后,新成立的全美选举联合调查团得到了6家主要新闻媒体(美国广播公司、哥伦比亚广播公司、美国全国广播公司、美国有线电视新闻网,福克斯新闻频道、美联社)的支持。这个调查团应用最先进的技术,搞了大量的出口处民意调查。但是,为什么这些民意调查显示克里会在俄亥俄州领先,在佛罗里达州两人则会相当接近呢?

事实上,并不是所有的选民在投票后都乐意跟民意调查人员交谈;有些人或急着要走,或更情愿保守秘密。显然,在 2004 年的总统选举中,克里的支持者——他们厌恶小布什并以此自豪——比小布什的支持者更乐意跟民意调查人员交谈。所以,那些出口处民意调查(不同于别的选举前搞的民意调查)显示克里的得票率会比实际高。简单地说,这些出口处民意调查是有偏倚的。

民意调查极为重要也很有影响,但它们必须得到正确的理解。有偏倚或者误导人的民意调查还不如没有好。即便高质量的民意调查也不能精准地预测未来,同样也不能完全避免对提问的不诚实作答。但它们至少能让我们迅速地感知流行的意见,对以后或许会出现什么也能给出一些暗示。

误差幅度的秘密

在上一章里,我们已经看到了民意调查存在很多局限性。它们的确能对某些事情提供一种有用的"快照",甚至能给民众提供一个交流与合作的平台。但另一方面,它们不能抵御未来的变化。如果一项民意调查搞得不正确或者受访者中某些特定类型的人占的比例太少,那它就会有偏倚。此外,受访者回答问题是否诚实,某些特定的民众在投票中占的份额多少,都很容易影响民意调查的结果。实际上,一项民意调查列出的"误差幅度"所衡量的是,此项调查的结果与如果把受访者扩大为所有人得到的调查结果相比,两者之间可能有的差距的大小。

即使如此,误差幅度仍是一个重要的量。如果受访者人数不多,那么不管此项民意调查搞得有多专业,得到的结果也不会很有用。受访者人数越多,得到的结果,但又有多大可能? 多接近? 像"准确到 1.4 个百分点,20 次中有 19 次会这样"一类的误差幅度到底是怎么算出来的呢?

掷硬币

从概率的视角来看,对民众搞调查类似于掷硬币数正面朝上有几次。两者的主要差别在于,我们事先知道掷硬币正面朝上的可能性为 50%,而搞民意调查,我们事先不知道有多大比例的民众会支持一个特定的对象。要用一句话来概括概率论与统计推断的差别,那就是:在概率论中,我们事先知道各种可能性的大小,而在统计推断中,我们事先不知道。

所以,要理解误差幅度,可以通过想象掷硬币,且事先并不知道正面朝上的可能性为 50%。现在,假设你掷了很多个硬币,那么你所观察到的正面朝上的硬币所占的比例,与正面朝上的可能性的准确值 50%,这两者之间会离得多近?

如果只掷一枚硬币,则不是正面朝上就是反面朝上。因此正面朝上所占的比例是 100% 或 0%,这两个数字与 50% 都离得不近。

如果掷两枚硬币,那么有 25% 的可能性正面朝上的比例为 100%,有 50% 的可能性正面朝上的比例为 50%(两枚硬币中有一枚正面朝上),又有 25% 的可能性正面朝上的比例为0%(两枚硬币都是反面朝上)。我们可以用一张图把这些结果都列出来,如图11.1所示。

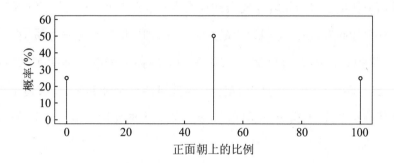

图11.1 掷两枚硬币,正面朝上的比例与相应的概率

要接近概率的准确值50%,那么掷一枚硬币就太不可靠了。

另一方面,如果你掷了10枚硬币,那么正面朝上的比例为100%的可能性还不到1/1000;同样,正面朝上的比例为0%的可能性也不到1/1000。正面朝上的比例为50%的概率则恰好是25%,而正面朝上的比例为40%或60%的概率都是21%。我们也可以用一张图把这些结果都列出来,如图11.2所示。

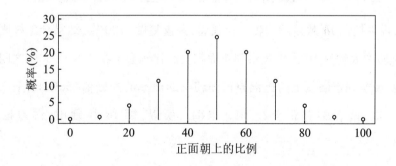

图11.2 掷10枚硬币,正面朝上的比例与相应的概率

由图11.2可知,掷10枚硬币,正面朝上的比例为50%的可能性最大,排第二位的是40%或60%,它们出现的可能性相等,接下来是30%或70%,它们出现的可能性也相等。至于正面朝上的比例为 0%、10%、90% 或 100% 的可能性则都非常小。

我们怎样把这些结果转变成误差幅度呢？也就是说,要把与各个不同比例对应的概率加起来,使得得到的和至少为 95%,即"20 次中有 19 次是这样"。实际上,如果把正面朝上的比例为 20%—80% 的各个概率都加起来,其和就是 97.9%,已经超出 95% 了。所以,把所有这些可能性都加起来,就能得出正面朝上的比例的一个范围,掷 20 次硬币 19 次正面朝上的比例会落在这个范围内,如图 11.3 所示。

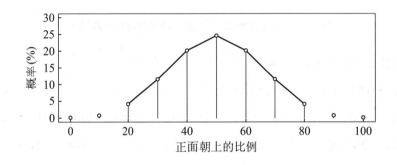

图 11.3　掷 10 枚硬币,有 95% 的概率正面朝上的比例会落在这个范围

假设你把掷 10 枚硬币当作一次试验,并重复做了 20 次,结果会怎样呢？这 20 次试验中大约有 19 次你观察到正面朝上的比例会落在 20%—80% 之间。也就是说,观察到正面朝上的比例与正面朝上的概率的准确值(50%)相比,20 次中有 19 次,两者的差距会在 30% 以内。所以,掷 10 枚硬币,误差幅度就是 30%。

我们可以将掷硬币得到的结论照搬到民意调查上来。如果民意调查的受访者有 10 个人,误差幅度就是 30%,正如掷硬币一样。也就是说,这样的民意调查搞 20 次,这些受访者对某一位候选人的支持率与把受访者扩大为所有人时同一位候选人所得到的支持率相比,有 19 次,两者的差距会在 30% 以内。换句话说,这个仅有 10 人的民意调查能准确到 30% 以内——20 次中有 19 次是这样。

但是,30% 的误差幅度还是太大了。你也许猜测那位候选人会有 65% 的支持率,可实际上只有 35%,差得太离谱了。要想改进,得去找更多的受访者(相当于掷更多枚硬币)。确实,大数定律告诉我们,掷的硬币越多,正面朝上的比例就越有可能接近 50%。

如果掷 100 枚硬币,并且像上面那样按 95% 的概率去算正面朝上的比例的一个范围,那么其结果就如图 11.4 所示。

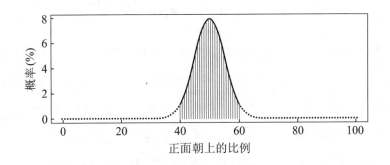

图 11.4　掷 100 枚硬币,有 95% 的概率正面朝上的比例会落在这个范围

由图 11.4 可以看到,如果你掷 100 枚硬币,那么 20 次中有 19 次观察到正面朝上的比例会落在 40%—60% 之间。(不信的话,可以试一试。)所以,现在的误差幅度是 10%,比我们前面得到的 30% 要小多了。同样,如果民意调查的受访者有 100 人,那么误差幅度也会是 10%。换句话说,20 次中有 19 次,民意调查得到的支持率与准确数据相比,其差距会在 10% 以内。

利用钟形曲线

如果掷 1000 枚或者 10 000 枚硬币,结果又会怎样?每次都要画图,然后把概率加在一起吗?

幸运的是,不需要这么做。我们可以来玩玩古老的"寻找样式"的数学游戏。早在 1756 年,法国的一位名叫穆瓦夫尔(Abraham de Moivre)的胡格诺教徒①,最早注意到这些图的形状会越来越接近我们现在说的钟形曲线。

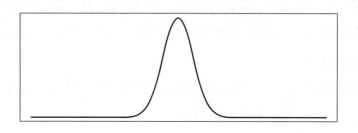

图 11.5 钟形曲线

这种收敛于钟形曲线的事实被称为中心极限定理。法国数学家拉普拉斯(Pierre Simon Laplace)和伟大的德国数学家高斯(Carl F. Gauss),先后对此作了详细的研究。他们发现,在许多不同的概率试验而不只是在掷硬币中,都会出现钟形曲线——也称为正态(或高斯)分布。(掷的硬币越多,接近的程度就越好。如果掷 100 枚硬币,画出的结果会很像钟形曲线;但如果只掷 10 枚硬币,结果看上去就不那么像了。)

利用钟形曲线,可以很容易地得到一个公式,来计算掷很多硬币时的误差幅度。我们所要做的就是量出钟形曲线下面,相当于概率95%的面积。② (现代的测量方法是在高速计算机上求数值积分,但如果你既仔细又有耐心,用一把尺子加一支铅笔也能办到。)就"标准的"钟形曲线来说,与95%的概率相对应的范围是从 – 196% 到 + 196% 。

掷很多枚硬币时各种概率的大小就像标准的钟形曲线,只不过与"标准差"相对应,还要再除以一个因子,即硬币总数的平方根的两倍。也就是说,如果掷

---

① 胡格诺教徒,16—17 世纪法国新教徒形成的一个派别。——译注
② 钟形曲线首先被数学家用来描述科学观察中量度和误差的分布,该曲线与横轴所围区域的面积取为 1。——译注

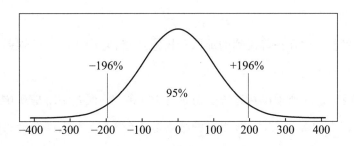

图 11.6 标准钟形曲线与 95％ 的概率相对应的范围

很多枚硬币,误差幅度正像标准钟形曲线,只不过要再除以硬币总数的平方根的两倍。

由 196％ 除以 2 等于 98％,就得出一个简单的公式:如果掷很多枚硬币,其误差幅度就等于 98％ 除以硬币总数的平方根。换句话说,20 次中有 19 次,掷硬币所观察到的正面朝上的比例与正面朝上的概率的准确值 50％ 相比,差距不会超过 98％ 除以硬币总数的平方根。

例如,假设掷 100 枚硬币,100 的平方根是 10(10 乘以 10 等于 100),98％ 再除以 10 等于 9.8％。所以,如果掷 100 枚硬币,其误差幅度大约就是 9.8％。这与我们在前面看到的误差幅度 10％ 非常接近。

现在,假设掷 1000 枚硬币。将 98％ 除以 1000 的平方根算出的结果等于 3.099 032％,即约为 3.1％。所以,如果掷 1000 枚硬币,其误差幅度大约就是 3.1％。这意味着,如果掷 1000 枚硬币,那么在 95％ 的时间里,或者说 20 次中有 19 次,观察到正面朝上的比例会落在 46.9％ 到 53.1％ 之间。

民意调查又怎么样呢？

现在我们已有一个简单的公式来计算掷硬币时的误差幅度:用 98％ 除以硬币总数的平方根。幸运的是,这个公式同样适用于民意调查。也就是说,要确定一项民意调查的误差幅度,只需用 98％ 除以受访者总数的平方根。真的就是这么简单。

对于在上一章开头曾说到的那四项民意调查,它们所断言的误差幅度与这个新发现的公式相符吗?

关于西班牙的那项民意调查受访者有 24 000 人,误差幅度是 0.64%。如果用 98% 除以 24 000 的平方根,得到的结果是 0.632 587 3%,即约为 0.64%。

关于加拿大的那项民意调查受访者有 5254 人,误差幅度是 1.4%。确实,98% 除以 5254 的平方根等于 1.352%,即约为 1.4%。

关于澳大利亚的那项民意调查受访者有 1397 人,误差幅度是 ±2.6 个百分点。98% 除以 1397 的平方根等于 2.622%,非常接近 2.6%。

关于美国的那项民意调查受访者有 1212 人,所列出的误差幅度是正负 2.9 个百分点。确实,98% 除以 1212 的平方根等于 2.815%,即约为 2.9%。

事情就是这样。所有那些有关误差幅度以及 20 次中有 19 次的准确性的宣称虽然惹眼,其实也就是用 98% 除以受访者总数的平方根得来的。知道了这一点,你就可以自己去算民意调查的误差幅度了。(有时,民意调查公司会采用更复杂的分析方法,得出更小的误差幅度。当一项提议或一个政党的支持率非常接近 0% 或 100% 时,这样做特别有实际价值,但在大多数时候,民意调查公司也就是简单地用 98% 除以受访者总数的平方根,正如我们这里计算的一样。)

要达到 100 次中有 99 次的准确水平(或"置信水平"),而不是 20 次中有 19 次,就得在钟形曲线下面量出一个更大些的面积。具体地说就是,你得用 129% 替换掉 98%,因此要用 129% 除以受访者总数的平方根。关于受访者有 1397 人的调查(比如在关于澳大利亚的那项民意调查)来说,99% 置信水平的误差幅度为 3.5%(而不是 2.6%)。所以,在澳大利亚的那项民意调查中,调查人员除了可以说得到的结果能"准确到 2.6 个百分比,20 次中有 19 次",还可以宣称得到的结果能"准确到 3.5 个百分比,100 次中有 99 次"。两种陈述都没错。

如果调查的人更多，误差幅度也就会更小。确实，随着受访者越来越多（或者掷出的硬币越来越多），样本中存在的随机性就会趋向于互相抵消。通俗地说，你访问的人越多，知道的也就越多。这本是常识，但有了这个计算误差幅度的公式，我们就能用确切的数学语言将这一不言而喻之事描述出来。

另一方面，民意调查的误差幅度与它的准确性是两回事。根据这四场已经结束的选举，现在我们可以来看一下这四项民意调查所预测的结果与选举的真正结果相比，分别有多准。

澳大利亚的那项民意调查非常准。它预测现任首相会以52%对48%领先于反对方，这与最后的结果52.8%对47.2%极为接近。没有什么可争论的。

美国的那项民意调查也不错。它预测小布什会以47%对45%领先于克里。在实际的选举当中，两人的得票率为51.1%对48.0%。这说明其他候选人（除小布什和克里外）得到的选票少得可怜，要大大低于所预测的。不过在重要的事情即小布什与克里的相互力量对比上，民意调查的预测还是非常准的。

至于加拿大的那项民意调查，它预测自由党的得票率为32.6%，保守党为31.8%，新民主党19.0%。实际的选举结果是，自由党的得票率为36.7%，保守党为29.6%，新民主为15.7%（别的选票流向了别的政党）。所以这项民意调查预测得就不大准，也确实超出了它所列出的误差幅度。在上一章讨论过，造成此结果的原因是最后时刻选民投票意愿的变化。民意调查有其局限性，即使误差幅度算得很仔细，差错有时也在所难免。

最后来看一下西班牙的那项民意调查，它的准确性是最差的。它预测执政的人民党得票率为42.2%，反对方的社会党为35.5%。最后的结果几乎正好相反：社会党的得票率为43.27%，人民党为37.81%。这样的结果表明，在最后时刻选民的意见起了重大变化，这是由选举前发生的火车爆炸恐怖事件及政府应对不当造成的。实际事件以及选民意见的变化又一次被证明对民意调查公司的影响巨大,这时,所谓的误差幅度根本就不管用了。

有多接近才算近

误差幅度对如何看待结果很接近的选举提供了一个新的视角。

有些选举是一边倒的,但也有很多选举结果相当接近。例如,在 2004 年澳大利亚和美国的选举中,获胜的一方都仅仅只领先几个百分点——因为太接近了,即使在选举当天,结果如何仍有些说不清(因此投票后关于选举的报道值得人们收看)。另一方面,间或又有那么一次选举,其结果的接近程度简直没有人能预料到。我马上可以想到两个例子:1995 年魁北克主权公决以及 2000 年美国总统选举。

在 1995 年的魁北克主权公决中,选票最后清点完毕时总计有 2 308 360 张赞成票,2 362 648 张反对票(另外还有 85 501 张废票)。在有效的选票中,赞成方与反对方占的比例分别是 49.42% 和 50.58%。它们之间仅相差 54 288 张选票,这一点选民简直一座足球场的看台就能轻轻松松地容纳下。显然,结果很接近。但有多接近? 跟什么来比? 有一种比较的方式是假设每个投票的魁北克人都掷一枚硬币,正面朝上的话投赞成票,反面朝上的话投反对票。如果他们的确是这么去做的,那投票的结果又将会怎样接近呢?

答案是这样的。如果总共 4 671 008 张有效选票中的每一张投给哪一方都是通过掷硬币来决定的,那么平均说来有 50% 是正面朝上。误差幅度等于 98% 除以 4 671 008 的平方根,也就是 0.045%(相当于仅仅 2102 张选票)。这意味着,20 次中有 19 次,获胜一方的得票率不会超过 50.045%。实际上获胜一方(反对方)的得票率为 50.58%,这超出了很多。所以,虽然这次魁北克公决的结果是极为接近的,但依照真正是 50 对 50 的投票所应有的误差幅度来看,还远不是那么接近。换句话说,要是魁北克人真的是靠掷硬币来投票,结果会更接近得多。

我们再来看看 2000 年的美国总统选举。从选民的总体投票情况来看,实际上是戈尔赢了（尽管按照美国的总统选举团制度，戈尔输了这场选举）。他获得了 50 999 897 张选票，小布什获得了 50 456 002 张选票。在总共 101 455 899 张投给他们的选票中（投给别的候选人的选票不计），戈尔占到的比例为 50.27%，小布什为 49.33%。这个结果非常接近，但仍超出了相应的误差幅度（98% 除以 101 455 899 的平方根，等于 0.0097%，因此双方的得票比例应为 50.0097% 对 49.9903%）。所以，如果单单从选民的总体投票情况来看，戈尔是毫无争议的赢家。

不过，这场选举中真正让人感兴趣的是佛罗里达州的选票清点结果。两位候选人谁能拿下这个州，谁就能获得足够多的选举团票数，也就能赢得选举，登上总统宝座（全国范围的选民投票情况不管）。最后所公布的佛罗里达州的投票结果是（公布前，围绕着人工计票、挂角票、蝶式选票以及最高法院的裁决等事项，有过许多争论），小布什获得了 2 912 790 张选票，戈尔获得了 2 912 253 张选票，两人仅仅相差 537 票。在总共 5 825 043 张投给他们的选票中（投给别的候选人的选票也不计），小布什占到的比例为 50.0046%，戈尔为 49.9954%。倘若承认选票的清点是准确无误的（也许不是），这个结果该是极为接近的。只是有多接近呢？

假设佛罗里达州的每位选民也都掷一枚硬币，正面朝上就投票给小布什，反面朝上就投票给戈尔。那么，误差幅度就等于 98% 除以 5 825 043 的平方根，即 0.04%。因此，如果这样靠掷硬币来投票，20 次中有 19 次最后的结果会是 50.04% 对 49.96% 或者更近，相当于双方仅差 4730 张选票。这个结果当然是非常接近的，但实际结果是它的近 9 倍。

所以，即使佛罗里达州的全体选民对两位候选人都是同等看待，即使每个选民都是靠掷硬币来决定把票投给谁，我们所能预计到的结果的接近程度也远远比不上实际结果的接近程度，前者约为后者的九倍远呢。

在 2004 年美国总统选举前，关于结果是否会像 2000 年一样那么接近那么令人迷惑有很多的议论。要我说，我是不大相信会这样的。不管全体选民在对待两位候选人上面有多持平，由误差幅度本身是推导不出一个极为接近的结果来的，佛罗里达的情况不是普遍的规律。

另一方面，在美国 50 个州里的所有选举，选参议员啦、众议员啦、州长啦等，某时某地仍可能会有那么一场选举，其结果是极为接近的。确实，在 2004 年华盛顿州州长选举中，经过三次重新计票才认定获胜一方为民主党人格里高利（Christine Gregoire），得到了 1 373 361 张选票；而另一方共和党人罗西（Dino Rossi），得到了 1 373 232 张选票——两人就差 129 票，还不到由误差幅度推导出的最大差距 3248 票的 1/25。选举那么多，总是会有奇事发生的。

错误和不确定性每天都在与我们相伴。通常，我们并没有一个精确的公式来计算误差幅度，如"98% 除以受访者总数的平方根"那样，但是，对"误差幅度"有个简单的了解还是非常有用的。

不确定的一天

你从床上爬起来，准备上班。按说早上 8:15 会有一班公共汽车，但上个星期一和星期四它都晚到了 10 分钟，星期二和星期五又早到了 10 分钟。公共汽车时刻表的误差幅度显然比较大。为了保险起见，你 8 点就走去公共汽车站。

上班了，你收到老板写的一张便条，她要在 10:30 到你的办公室来拿账目报告。老板很准时，所以她到达时间的误差幅度几乎等于零。你在 10:29 完成了报告，等着她在 10:30 准时到来。

中午你和几个同事一起去吃饭，但下午 1 点你还要赶回办公室参加会议。你考虑去比利美食店，那儿通常饭菜上得很快。然而，有几回这家店实在是太慢了，等了半个小时甚至更长时间饭菜才来。显然，这家店的误差幅度很大。你们转而去了克莱尔咖啡店，不管点什么，10 分钟以内一定送上，几乎没有误差幅度这回事。

下午，你得按照老板的指示将那份报告的格式重新编排一下。经过仔细的思索,你搞清了应该怎样做。你想叫助手按计划实施。虽然她有时能准确无误地遵照吩咐做事,但有时她太"富有创造性"了而把事情搞砸;她的误差幅度太大了。你决定还是自己来做。

晚上,你平安到家,打开冰箱拿出一盒牛奶,但发现那盒牛奶超过保质期两天了。由于牛奶一般只能放几个星期,所以保质期的误差幅度不会很大。你决定还是小心为妙,将那盒牛奶倒了。

你又拿出一瓶橙汁,发现也超过了保质期两天。但大多数橙汁能放好几个月,所以它的保质期有一个相当大的误差幅度。保质期前后两天可能没有多大差别。你决定喝掉它,结果没什么事。

最后你该睡觉了。此刻你的邻居倒没有弄出什么噪音。不过有时半夜时分,他们参加晚会回来,会大声说话;有时很晚还看片子,声音开得挺大;有时他们家的宝贝会哭得像唱歌剧一样。通常是不会这样的,但误差幅度还是太大了。你小心地把风扇打开,以便把潜在的噪音盖去,睡个好觉。

误差幅度提供了对待生活中不确定性的一种新视角,也给我们提供了衡量所见之事可靠性的一把尺子。我们常常希望通过选取更多的样本或者观察得更加仔细来使误差幅度降到最小。但在下一章我们将会看到,不确定性有时对我们也有好处。

来帮忙的不
确定性朋友

在影片《骗中骗》中,有位朋友担心由罗伯特·雷德福饰演的胡克会成为犯罪团伙下一个谋杀的对象。为了避免出现这样的惨剧,这位朋友劝胡克不要去犯罪团伙能找到他的那些地方。他希望胡克躲到一个出人意料、不可预测甚至匪徒也想不到的地方,在那里他们所有的职业杀手、武器和联系都不管用了。这位朋友说:“今晚不要回家。不要去你常去的酒吧。不要去你平日会去的任何一个地方。”他应该再加上一句:“去随机选择的某些地方。”

通过做一些出人意料的(或随机性的)事情骗人或者赢得一场游戏,或者纯粹为了好玩,我们对这样的念头都很熟悉。随机性给我们带来许多不幸和悲伤,我们常常将它视作可怕或要避开之事,但随机性也有好处。“只停一分钟”,每次我们违章停车就是在利用随机性,因为碰巧有警察在附近的可能性是很小的。每次我们在计算机上备份文件时心里也有这样的想法,因为同时有两三个硬盘驱动器都出故障的可能性是很小的(而且文件备份得越多,它们全都打不开的可能性也越小)。在很多方面随机性是我们的敌人,但在其他方面,随机性是我们的朋友。

随机性与个性

一枚普通的正方体型的骰子,我连着掷了 50 次,得到的数字序列是:34663463621632143466334452434226433642631152454334

这串数字让你深刻印象吧? 一枚骰子掷 50 次,谁都能办到,但你会发现你已经造出了一个以前谁都没有造出过的序列,中央情报局用一百万年也造不出同样的这个序列。

这是真的。在人类的整个历史上,大约出现过一千亿人。即使他们中的每一人在每分钟造出一个类似的有 50 位数字的序列。那么一百年之后,他们中有人——从恺撒大帝到我邻家的屠夫——能造出上面那个序列的可能性也要小于这样一个分数:分子是 1,分母是 1 后面跟 20 个零。换句话说,真要发生这种事情,那绝对是不可思议的。我的那个序列从未出现在任何一个计算机文件中或任何一个网页上或无论哪一个地方。

假设中央情报局有一百万台计算机，它们中的每一台都能在一秒钟之内造出 10 亿个那样的序列。它们一刻不停地运转上 25 万亿年，造出我那个序列的可能性也只有 1%。换句话说，这种事情绝不会发生。身处卧室，凭一枚以前玩大富翁游戏丢下的骰子，两分钟之内，我就能让在全世界都有触角的中央情报局犯难。

这就是随机性的力量。当拿起骰子时，你就拥有了这一力量。

这一力量的由来很简单。每次掷骰子可能得到的数字有 6 个，所以上面 50 位的数字序列总共有 50 个 6 连着乘起来那么多，约等于 8 后面跟 38 个零——这个数大得难以想象。这么多序列中的每一个出现的可能性又都是相等的，所以要猜出是哪个序列几乎不可能。

有个关于数学家的古老传说［最早由法国数学家博雷尔（Emile Borel）于 1913 年描述的］，说的是让一百万只猴子随机地去敲击打字机的按键，永无止境地敲下去，那么在制造出无数的垃圾之后，它们最终能全凭运气把所有伟大的文学著作再度创作出来。这的确是真的，如果那些猴子有无穷多的时间可以用的话，但我们也可以看出，这一计划实际上不可行。那些猴子过上一亿亿亿亿亿亿年，也只有 1% 的可能性能敲出如"这是最好的时代，也是最坏的时代"①这么一个序列。我们的作家们因此也用不着收笔。

你可能会有疑虑，我们真的需要应用随机性吗？我能不能想到什么就写什么，直接把 50 个数字写出来，而省去掷骰子呢？也许能，但也许又不能。当人们试着去写一个随机序列时，他们不可避免地会遵循某些特定的模式。比如，他们可能不会让同一个数字连着出现两次，他们可能会过于频繁地让某些数字重复出现，他们可能会过多地用到某一数字，或者他们可能会尽力让每一个数字都出

———————————

① 出自英国作家狄更斯的小说《双城记》。——译注

现得一样多。(例如,在前面的那个我造出的序列中,有 13 个 3,但只有 4 个 1,这对随机序列来说是极其正常的,但由你写出的一个序列就可能不会是这样的了。)所以你如果试着去写一个序列,结果可能会碰巧与别人写出的完全一样。如此一来,中央情报局或许就能猜中。只有应用随机性才能保证你的那个序列是唯一的。

检验是否唯一的一种很有趣的方法是利用谷歌那样的网上搜索引擎。如果在网上搜索一个比较短的随机数字或字母序列,如"axzqy"或"325794",你可能会发现一些网页恰好含有那一序列。但如果搜索一个稍微长一些的序列,比如"axzqytuvb"或"3257948394",可能就得不到任何结果了。在谷歌能搜索到的数以千亿计的网页中,没有一个网页含有你自己造出的那个随机序列。这就是个性。

还不只是序列。想想你每天随机作出的所有选择,从早上吃什么早饭、穿什么鞋,再到上班路上对地铁服务员说的话。随机性让我们看到,我们全都无时不在做独一无二的事,甚至我们的日常琐事也涉及独一无二的选择,那是以前无人做过的。

随机化的策略

孩子们中流行一种"石头剪刀布"的游戏。先数到 3,然后两个玩家各伸出一只手,手的样子是握拳(石头)、平摊(布)或两根手指叉开(剪刀)。按这样的规则决定输赢,就是石头能砸烂剪刀,剪刀能剪破布,布能包住石头。如果两个玩的人出的一样,那么双方都没赢,游戏重新开始。有时这一游戏会被用来解决一些有争议的问题,比如"谁先走"或谁得到那块更大的馅饼。

令人惊讶的是,有人还真把这一游戏当成正经事。"石头剪刀布世界锦标赛"每年都会举办,冠军还会像模像样地戴上王冠。

如果有位玩"石头剪刀布"的冠军向我挑战,要我和他比试比试,我肯定会紧张。你想,凭他玩"石头剪刀布"的全部经验,这位冠军要猜出我下一手会出什么岂不是很容易。他可能很擅长发现对手的行为模式,比如出了石头后总是出剪刀,或者这一手出的正好能制服上一手出的。我们(包括我)往往都会掉入这样那样的模式,玩"石头剪刀布"的冠军就可以利用它们来取胜了。

但是,我有办法做到,长远来看我们能打个平手。办法就是随机决定出什么,避开任何模式或可预测性。具体来说,我可以在每次出手前先掷一枚骰子("石头剪刀布"游戏的正式规则并没有禁止这样做)。如果骰子显示的是1或2,我就出石头,如果骰子显示的是3或4,就出布,如果骰子显示的是5或6,就出剪刀。

像这样利用随机性可以保证,没有人能够看出我有什么模式或者预测出下一手。(只要骰子本身做得很均匀并且在对手的视线之外。)因此也就能保证有半数的时间我会赢(平均来看),而不管我的对手是多么聪明、多么有预见性,也不管他们会用什么策略,也不管我平常的倾向是多么容易猜到。

这个不能被任何对手击败的完美策略,与纳什均衡理论有关。创立这一理论的纳什(John Nash)是杰出的数学家,他后来在精神上出了问题(电影《美丽心灵》便是以他为原型)。纳什均衡说的是怎样来选择策略,以让你的对手无法做得更好。博弈论在数学上证明,在任何各方都只有有限多种选择的游戏(或其他竞赛)中,你总是能找到一个纳什均衡状态,从而避免让对手压倒自己。不过,真要实现此一目标也许得利用随机性(比如掷一枚骰子)才行。

没有随机性,也许就无法与玩"石头剪刀布"的冠军相抗衡;有了随机性,办法也就有了。

赢下这场比赛

这是你一直梦想的时刻。世界棒球系列赛。第七场比赛,第9局末尾,两人出局,满垒,三球两击,你的球队领先1分。你刚刚作为替补投手上场,要为球队赢下这场比赛。

当你小跑至投手站位的圆台上时,数千名球迷发出了热烈的欢呼。现在所有的目光都落在这里,就是你的下一投上。球没被击中,你们就赢了;球被击飞,他们就赢。你盯着击球员的眼睛看,准备两人的对决。你最拿手的投球本领是投出一个快球或者滑球,但到底该投哪一种呢? 你艰难地想了好一会儿;也没发现有其他选择。

与此同时,对方球队的球员休息棚里可是一片繁忙景象。他们凭借拥有的计算机设备,加上数学模型以及专家分析,掌握了关于你的一点一滴的情报,你参加青少年棒球联赛时的投球记录,你的投球风格和样式,你的喜好与厌恶,甚至你的情绪。他们兴奋地给击球员发信号,传给他一些你破译不出的秘密消息。随后击球员向你眨了一下眼。他在预测呢。他知道了!

你努力保持平静。盘算着如果击球员猜错了,他几乎可以肯定会击球落空。然而,如果击球员猜对了,正确地预测了你投出的是何种球,他就很有可能会把球径直击出场。所以现在这是一个竞猜游戏。是你的对手比你更聪明还是你比你的对手更聪明? 不幸的是,这么多年来你一直参加棒球训练,没有许多空闲时间去学习数学模型或者比拼智力。

不要轻言放弃,你告诉你自己。也许他们会认为你将投出一个滑球。毕竟,在上个月对阵克利夫兰队的比赛中的第9局,三球两击,你投出的就是一个滑球。所以现在你也许应该投出一个快球,来骗倒对方。或者这正是他们预计到你会做的事? 就是说,他们已经断定你会交替采用一种投球的样式,所以这次他们预计你会投出一个快球,而你就应该投出一个滑球。或者这正是他们认为你会去这么想的,所以你还是应该投出一个快球。

这一切看来是太复杂了。压力正向你袭来,你的膝盖都要弯了,你的手掌开始冒汗。你绝不能以这么一个样子去投球!

你把手在棒球服上擦干,这时你触摸到了一处小小的突起——那是一枚两加元的硬币,是当天早些时候你那疯狂的叔叔给你的。"带上它去比赛,"他坚定地说。"它会给你带来好运的。"

突然你有了一个主意。为什么不让这枚硬币来替你决定呢? 耶,就这么办!

你恢复了信心,拿出那枚硬币。"正面朝上就投快球,反面朝上就投滑球。"你想。你把硬币掷出去,用你的棒球手套接住它,然后赶紧用另一只手盖住,从缝隙中去窥视(免得无处不在的电视摄像镜头拍到硬币)。是正面朝上。

带着恢复了的信心,你高高站起,挥舞手臂,投出一个漂亮的快球,它正好从惊呆了的击球员旁边飞过。好球!

靠掷骰子来决定棒球的一投,这看来也许是疯了,甚至是懦夫的行为,但实际上,这样的把戏——正式名称是"随机化策略"——无时不见。随机性可以用来确定检查哪些加工好的部件,监视哪些雇员干活,挑选哪些民众来搞民意调查,诸如此类。

比如上述棒球比赛,如果不掷硬币,对手可能就会(凭他们用计算机做的复杂的模拟以及心理分析)比你更精明,能正确地猜到你将投出怎样一个球。如果真是这样,那他们也就很有把握能击出一记本垒打,赢得这场比赛,这一可能性的大小可以说是60%。所以,尽管你对他们利用计算机模拟能预测得这么好还是持怀疑态度,但他们真能办到的可能性至少还是有那么大的。

另一方面,采用随机化策略,不管对手有多聪明,不管他们对你的了解有多深,他们都无法自信地去猜想你将投出怎样一个球。所以,无论如何,他们也只有50%的可能性作出正确的预测,进而又有60%的可能性能击出一记本垒打;而如果他们预测错误,肯定就击不中球。总而言之,此时他们能击出一记本垒打并赢得这场比赛的可能性只有60%的一半。

因此,采用随机化策略,你能让对手的所有知识、洞察力还有计算机模拟全都失效;不管他们采用什么策略,赢的可能性也只有30%。你聪明地掷出一枚硬币,就能保证赢的可能性有70%!概率论又一次扭转了局面。

随机性与互联网

随机化策略在比赛中也许有用,但在日常生活中也有用吗?事实上,每次你通过互联网完成一笔交易都要用到随机化策略呢。

从本质上来看,计算机就是讲究逻辑和精确性的冷冰冰的机器。它们遵照精确的指令作出应有的反应;如果前后发出相同的指令,它们就前后去做相同的事情;如果前后发出的指令不同,它们前后去做的事情也就不同。(当然,计算机也会看似胡闹地出错,但那是另一回事。)所以,总的来看,当听说计算机特别是互联网离开了随机性就运转不下去时,你也许会感到惊讶。

在互联网上,计算机之间常常要进行"安全连接",比如你要把信用卡号码发给一家网店,又不能让计算机黑客截获。这可以借助于给信息随机编码来做到。

夜半出逃

就是今晚:你要在睡觉时间偷偷溜出去,到林中小屋与男朋友约会。就在他离开你家时,你开始和他商量这一计划,但就在那一刻,你妈走进来了。

真糟糕,她在旁边,你们就不能把计划确定下来了。而计划没定好,这一约会也就无法实现。怎么办?

片刻的惊慌之后,你有了一个主意:发密码。于是你一边说着明天学校见之类的平淡无奇的话,一边随意地伸出10根手指头("10点钟来"),又把一根手指横在嘴边("不要弄出声音来"),最后又上下地移动两手("带一架梯子来")。

你男朋友最后走时,你们都笑了,你们的计划全已定好。不幸的是,你妈也笑了。她也注意到你手上的动作,而且她也跟你男朋友一样聪明。看着她用挂锁把你卧室的窗户锁上,你的心都碎了。

欺骗妈妈已经这么困难了;要在互联网上用信用卡,又不想给黑客留下可乘之机,难不难呢? 如果信号被截获,那你发出的关于交易的全部信息,计算机黑客(或像埃施朗那样的国际电子间谍机构)也都看得到。并且,他们像妈妈一样,在理解这些信息上也许能做得与网店一般好。那么,我们怎么来防止出现这样的问题呢?

我们需要一种传递信息的办法,它能保证接收人(比如男朋友)能理解收到的信息,但截获人(比如妈妈)无法理解。安全的计算机通信依赖于一种叫作"公钥密码"的网络协议。它要求每台计算机随机选择一把密钥以帮助实现通信安全(比如,一把128位的密钥就相当于掷128次硬币)。然后这些计算机就应用素数理论来进行相互间的通信:凭各自的那把密钥,它们能破解对方发来的编码信息,第三方黑客则破解不了,即使他们截获了全部的编码信息。

在这样的安全通信中,关键的一步是让每台计算机随机选择一把密钥。一种选择是每当一笔交易达成时,买卖双方各掷许多次硬币,然后将投掷的结果(正面朝上或是反面朝上)记录下来,形成一个长长的密钥,输入计算机。这种想法好虽好,但并非很可行。实际的做法是让计算机利用它内置的随机数发生器,每次自动地替你选择一把随机的密钥。这样的安全通信并不仅仅限于发送信用卡号码。富有经验的计算机用户每次也都需要随机性来帮忙,他们常用SSH(secure Shell)①与远程计算机通信,免得口令及其他机密信息被截获。

互联网上充满了随机性。假设有两个不同的人恰好在同一时刻各给你发来一封电子邮件。负责邮件服务的计算机怎样才能确保这两封邮件你都收得到呢?很简单,它先把两封邮件(或者说得更准确些,所有起冲突的以太网信息包)放在一边,然后随机地给它们指定一个等待时间,然后再投递。如果没有随机性,这些邮件会反反复复地同时到来,直到永远。随机性在这里起到了润滑剂的作用,它让互联网上的众多信息相安无事。

随机性在计算机游戏中表现得甚至更为明显。想象一下那些游戏将会多么令人厌烦:坏蛋总是在同一时刻出现,外星人总是按同一模式行动,篮球高手总是往同一方向进退。正是随机性才让这些计算机游戏充满活力,富有个性,变得

---

① SSH是一个允许两台电脑之间通过安全的连接进行数据交换的网络协议,可以有效防止远程管理过程中的信息泄露问题。——译注

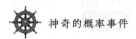

那么好玩。

说实话,计算机并不能创造出真正的随机性,它们仅仅是利用伪随机数来仿造出随机性。伪随机数是通过复杂的数学公式得到的一种数字序列(通常是用很大的数相乘,再与常数相加,然后除以一个很大的 2 的幂,再取余数)。这样的序列并非真是随机的,但它们因为纠缠不清、难以预测,几乎怎么看都像是随机的。伪随机数发生器的设计和研究是一个比较大的科研领域,每一个发生器都有它特定的缺陷,因而无法真正成为随机性的,不过对于一般的问题来说它的随机性已是够好的了。总而言之,计算机的设计人员努力地工作,目的不是要避免出现随机性,而是要创造出随机性。

蒙特卡罗魔法

第二次世界大战期间,在新墨西哥州的洛斯阿拉莫斯秘密实施了一项曼哈顿计划,目的是设计并制造出世界上的第一颗原子弹。这一计划中的一个难题是估算使原子弹爆炸需要用到多少浓缩铀。对此关键性物质的估算直接关系到整个计划的成败。如果低估了,就会造成铀的数量不够,原子弹也就不会爆炸。如果高估了,那就更糟了:原子弹也许会在预计的时间之前提早爆炸,在错误的地点杀死无辜的民众。

原子弹链式反应的实际机制——由中子引发原子裂变并释放出能量(根据爱因斯坦的著名公式 $E = mc^2$),进而又产生更多的中子,让反应继续进行下去——极为复杂。连参与曼哈顿计划的那些伟大的科学家都无法在理论上算出那一关键性物质铀的用量。于是,他们想办法研制出可以说是世界上的首批计算机,全凭由人工仔细穿好孔的卡片去操纵。计算机随机模拟了链式反应以及中子的运动。在反复进行此类模拟之后,科学家们对于中子在原子弹内的一般的行为模式以及逃逸的中子会占多少比例,逐渐有了一个清晰的了解。最后,参与曼哈顿计划的科学家们正确地估算出关键性物质铀的用量为 15 千克。在此估算的基础上制造出的原子弹正如所预料的那样发生了爆炸。

这些简陋的计算机模拟是蒙特卡罗抽样方法的最早应用,该方法大致是通过反复地做随机模拟来计算那些难以直接计算的量的近似值。["蒙特卡罗"这一名字是原子弹研制出的后一年由波兰数学家乌拉姆(Stanislaw Ulam)提出的,他当时想到了摩纳哥著名的赌场。]

原子弹永远地改变了世界(未必是让世界变得更好),但就它的研制本身来看,蒙特卡罗抽样方法也改变了世界。利用现代的高速计算机,常常在眨眼间就可以在任何一间办公室很容易地进行随机模拟。蒙特卡罗抽样方法在科学家、工程师、医学研究人员、统计学家中的使用也很普遍,比如用来估算一些很大很复杂的和、积分以及概率的值。这一方法在高维情况下尤其有用,在这种情况中会出现许多不同的量且它们又必须一起处理。例如,这一方法可以帮我们弄清涉及许多变量的某些医学疗法的可能效果,以及从建筑到宇宙飞船的具体工程设计的可能效果。蒙特卡罗模拟已经成为现代科学的几乎每一个分支的基本工具。

葡萄干与巧克力碎粒

马乔里糕点房总能做出最好吃的葡萄干巧克力碎粒小甜饼。孩子们似乎总是情不自禁地被吸引到那里,希望得到一份免费的样品。你开始感到嫉妒,想与马乔里的糕点赛一场,但你不知道他们的配方,而他们也不会告诉你。

经过一番试验后,你认定葡萄干与巧克力碎粒的配比是关键。马乔里用到的葡萄干与巧克力碎粒是一样多吗?或者葡萄干的用量有两倍多?或者巧克力碎粒的用量有3倍多?你确信,只要知道这一细节,就能列出整个配方,也就能重新赢得孩子们的光顾了。

慢慢地你有了一个主意,在恩威并施之下,你说服小女儿给你带来这些很有名的马乔里美味小点心。你没有吃,而是仔细地把它们分开,然后开始数起来。

第一块小甜饼有11颗巧克力碎粒和6颗葡萄干。第二块小甜饼有14颗巧克力碎粒和8颗葡萄干。第三块小甜饼有9颗巧克力碎粒和4颗葡萄干。你开始看出点名堂了:每块小甜饼上巧克力碎粒大约有葡萄干的两倍那么多。你的蒙特卡罗实验估算出了你以前很难确立的配比:两颗巧克力碎粒对一颗葡萄干。

问题解决了。你兴奋地把各种成分都准备好,开始工作了。你先仔细地数出200颗巧克力碎粒和100颗葡萄干,然后将它们与其他成分混合在一起,送去烘焙,最后取出来给大家品尝。孩子们的笑容正是你需要的证据,它们证明了你的蒙特卡罗试验是成功的。你心里涌现出一种自豪感,在家庭中的荣誉恢复了,但马乔里并不知道自己是怎么被比下去的。

也许最早的蒙特卡罗试验的例子当推18世纪法国人蒲丰(G. L. L. Buffon)提出的投针实验。他的聪明构想是这样的。取一张白纸,上面画上很多间距相等的平行线(或者换成有条纹的地板),再取一根针(或铅笔),其长度要小于两条平行线之间的距离。如果将针随机地投在纸上,直到它不动,那么针会与某条平行线相交的概率有多大呢?答案非常令人惊讶,等于2除以π。① π是一个著名而又神秘的数学常量,等于圆的周长与直径的比值。

这一出人意料的结果意味着,用针与纸做蒙特卡罗实验可估算π的值。实验其实很简单,就是将那根针投掷很多次,然后将投针的总次数乘以2,再除以那根针与平行线相交的次数。所得结果应该与π的精确值——利用高速计算机算出的3.141 592 6……很接近。

1864年,在美国南北战争中受伤而静养的一位上校福克斯(O. C. Fox),出于消遣动手做了蒲丰投针实验。他总共投了1620次针,得到了π的3个不同的估计值:3.1780,3.1423和3.1416。还不算太差吧。当然,利用现代计算机计算π值比用针和纸的效率要高得多,但蒲丰和福克斯的那种早期的蒙特卡罗方法的思想承续了下来。

---

① 若设针的长度为l,两条平行线间的距离为d,则蒲丰实验的概率为$2l/(\pi d)$。——译注

在进一步讨论之前,有必要介绍一下蒙特卡罗实验的一种特殊变体,马尔可夫链蒙特卡罗实验。在这种形式的蒙特卡罗实验中(它正好是我的研究专业),每一步并不都是从头开始,比如重新投一次针或者取一块不同的小甜饼,而是紧挨着上一步延续下来。

例如,假设你想调查野外的一片广阔的湖泊系统平均受污染的程度。你也许会坐上一艘独木舟,没有任何特定目的地东划划西划划,从一个水湾到另一个水湾,从一个湖泊到另一个湖泊,穿过整个公园。每隔 5 分钟,你也许会取一份水样,检测其中污染物的含量。这一份水样的采取地与上一份水样的采取地相隔距离很近,所以调查的每一步都是紧挨着上一步延续下来的,但经过许多天的忙碌,在对许多份不同水样的受污染程度取平均值以后,最终你对整个湖泊系统的受污染程度可得到一个准确的了解。实际上,这一调查所遵循的就是马尔可夫链蒙特卡罗实验的规则。现代的计算机程序也正是利用了这一基本思想在物理学、生物学、医学和社会科学领域进行各种计算的;如果没有马尔可夫链蒙特卡罗实验的那一套规则的随机性,所有这些计算都是不可能完成的。

随机性与公平

2003 年,美国加利福尼亚州开展了一场前所未有、声势浩大的竞选活动,在现任州长戴维斯(Gray Davis)和候选人施瓦辛格之间选出下任州长。足足有一百多位候选人——包括好几位演员——参加了这次选举,难怪许多人将它比作马戏表演了。

选举中的一件事情是准备选票。选举人这么多,他们的名字怎么排列很重要。传统的做法是按字母表的次序列出各个候选人的名字,但这种做法引起了按字母表次序名字排在后面的候选人的不满,他们认为不公平。于是,选举工作人员把 26 个字母写在卡片上,放入一个旋转的金属小罐,然后随机地把卡片抽出来,由此得到了字母表的新次序:R, W, Q, O, J, M, V, A, H, B, S, G, Z,

X, N, T, C, I, E, K, U, P, D, Y, F, L。那些名字以 R 开头的候选人很幸运,而那些名字以 L 开头的候选人可就没这么幸运了,但由于这一次序是随机确定的,各位候选人都认为得到了平等的对待。

随机性用于实现公平、避免由少数人做决定已有很长时间。比如,碰巧结果正好是双方打平的一场选举,有时就用掷硬币来一决胜负。1970 年初,美国征召年轻人去越南战场服兵役,也是看他们的生日是落在按随机选择排好序的一年 366 天中的哪一天里(包括 2 月 29 日)。为了避免出现排队太长的情况,多伦多国际电影节把所有最初的购票申请表格分别放入许多大箱子里(在 2004 年,这样的箱子有 43 个),然后随机决定哪一个箱子里的申请表最先予以考虑(2004 年是 10 号箱子)。教师有时也会利用随机性来决定学生们按什么样的次序在课堂上做报告。矛盾的是,当疾病或恐怖分子袭来时,随机性似乎显得非常不公平;但就解决人们的一些争端而言,它也许又是我们能找到的最公平的方法。

在运动场上,随机性有时也能提供一种公平。比如,利用掷硬币来决定哪个队先发球,哪个队在加赛中有主场优势,谁有队员的优先选择权。人人都接受掷硬币的方法,认为它能公平解决争端,而没有人会接受一种非随机性的解决争端的方法(如由联盟的主席个人决定)。

在 1996 年的亚特兰大奥运会上,发生了一件与公平有关的趣事。对那一年的男子 100 米赛跑来说,加拿大人可谓印象深刻,因为贝利(Donovan Bailey)获得了金牌,一洗 1988 年约翰逊(Ben Johnson)因为服用兴奋剂而被取消成绩的耻辱。英国的田径爱好者们对这场比赛同样印象深刻,但原因就完全不同了:英国老将短跑明星克里斯蒂(Linford Christie)因为两次"起跑犯规"而被逐出赛场,在沮丧中结束了自己的运动生涯。(克里斯蒂对判罚反应激烈,有一两分钟甚至拒绝离开跑道。)

进一步的调查披露了一些可疑的细节。实际上,克里斯蒂并没有在发令枪响之前离开起跑器(这是"起跑犯规"的传统含义)。他的过错是在发令枪响之后不到 1/10 秒就离开了起跑器。奥林匹克官员们此前认定,没有人的反应时间会少于 1/10 秒,因此在枪响之后不到 1/10 秒就起身的运动员一定是对发令枪响事先有所预期。这种预期违反了规则,因为此种情况往往发生在有选手在发令枪正要鸣响之前才迟迟就位,从而耽搁了比赛及其控制,而于他或她倒有好处。克里斯蒂是在枪响之后仅仅 0.086 秒就离开了起跑器。但克里斯蒂的支持者们分辩道,如果奥运会的整个意义是把人的身体极限往前推进,那么某时某地,有人会在不到 1/10 秒的时间内作出反应难道是不可能发生的吗? 或者仅仅是也许?

与此同时,体育官员们(特别是国际田径联合会)仍坚称 0.1 秒的规则对于防止出现"预期问题"是必需的。这么一来就产生了进退两难的境地:如何在防止参赛者对发令枪响做事先预期的同时,又不会因为反应时间异常快而惩罚他们?

对概率学家们来说,解决此问题很容易:研制一种简单的机械装置,它能随机地引发出发令枪鸣响。裁判员先等所有的参赛者都准备好,然后启动这一装置。那一刻,这一装置会先发出一声哗哗响(提醒所有的选手它已启动),再过随机长的一段时间,它将自动引发出发令枪鸣响。(让随机等待时间服从指数分布那就更好了,那种随机性是完全不可预期的。)这么一来,没有人会再去想对(随机的)起跑时间作预期。"预期问题"就不复存在,0.1 秒的规则也完全不必再有了。在发令枪响之前离开起跑器,当然算犯规,但在枪响之后任意时间离开起跑器——即使只过了 0.086 秒——出完全符合规则。不幸的是,奥林匹克官员们并没有征询概率学家的意见,所以原来的规则依然存在。

在随机性无法得到控制的比赛中,理想状态是确保随机性对每个人的影响都一样。比如,在帆船比赛中,风向和风速是影响巨大又无法预测的因素,但如果各个队是同时出发(而非先后出发),至少每个人要应对的条件就是一样的了。在复式桥牌比赛中(不同于盘式桥牌比赛),每个人拿到相同的牌,所以没有什么搭档能仅凭运气好或发到更多的 A 而得益。发牌还像以前那样随机,但在这一随机性面前人人平等,因而让比赛完全公平。

　　有时,要公平地分配花销或利益是不可行的,那就可以利用随机性。所罗门王的故事讲述了靠把一个孩子剖成两半来解决归属问题的荒谬。[①] 然而,靠掷一枚硬币来决定孩子归谁至少看起来是可行的(虽然说不上有多高明)。在并非那么极端的情况下,掷硬币常常不失为解决问题的一种简单的方法。

谁来付饭钱

　　午饭很好,但端上来太慢了。现在你们要晚走了。饭钱共 17.76 美元。你和同伴认为加上小费 20 美元正好。你们同意一人一半,各出 10 美元。唯一的问题在于,你们都只有 20 美元的一张钞票。

　　你想让服务员去换开,但他太忙,无暇顾及你。你有点着急了,10 分钟后办公室里还有个会呢。

　　你考虑这次你先付钱,同伴下一次再付。不巧的是,同伴要派到南极洲工作 5 年。所以"下一次"相聚还不知道要等多长时间呢。

　　你灵机一动——掷一枚硬币吧:正面朝上你付钱,反面朝上他付钱。同伴答应了,这很公平,你也及时赶上了开会。

　　下一次再和一群人出去吃饭时,你可以试试利用随机性和掷硬币来决定由谁付账,而不要等着换零钱。这只是恰当利用随机性和不确定性而带来方便的又一个例子。

---

① 据《圣经·列王纪上》记载,两位母亲带着一名男婴和一具男婴尸体来找所罗门,双方都说男婴是自己的孩子。所罗门就吩咐手下拿刀来,要将婴儿劈成两半分给她们。见此情况,有个妇人连忙说:"求主将孩子判给那个妇女吧,千万不可杀他。"而另一个妇人则说:"把他劈了。"所罗门因此判定坚决反对将婴儿劈成两半的妇人为婴儿的母亲。——译注

生物学中的随机性

在太阳系中,没有什么奇迹比人类的存在还要重大。遵循物理学的基本法则,经过数十亿年,从简单的化学成分逐渐进化到活细胞、原始鱼类和爬行动物、大型哺乳动物、灵长类动物,并最终进化到人这一万物之灵(在大多数时候可以这么说)。这简直太不可思议了。如果没有这种进化,今天我们就不会出现在这里了。

进化需要基因突变和重组。生物的每一子代会出现细微的不同,再经过自然选择(有时也称为适者生存),那些最适于生存及繁衍的子代就能繁殖更多的同类生物。几百万年过去,新的物种或亚种也就出现了。

基因突变和重组基本上是一个随机过程,从而让生物的每一子代呈现出所需的多样性。这一随机性导致了各种各样子代的产生,它们或是能存活下来并发展壮大,或是(更常有的结局)趋于没落并最终灭亡。

在遗传繁殖上随机性不够,物种就会陷于停滞,进化就会失败。另一方面,随机性过大,物种的发展就不够稳定。所以,物种要能成功地进化并繁荣发展,随机性的大小就要恰到好处。正是这种情况,我们人类才能幸运地从宇宙的基本构成成分开始一步步地逐渐进化出来。

但是,这种概率是多少呢? 人类的 DNA 由 30 亿个化学碱基对构成。每一个碱基对都有四种选择,A—T,T—A,C—G 或 G—C)。所以,可能的 DNA 单链的总数有 30 亿个 4 乘在一起那么多——这一数字约等于 1 后面跟 1 800 000 000 个零,大得超出人类的理解范围。人类的 DNA 中,有些碱基对是多余的,可以随意换成任何一种,对人类没有丝毫影响。有许多碱基对又各不相同,正好把这个人与那个人区别开来。还有相当一部分碱基对必须"正好是这样"才能创造出人,任何差错都不能使其成为人。

全凭随机突变,最终是可以得到许多可能的 DNA 单链。但要说人类的DNA 能全凭随机创造出来,就算经过数十亿年的时间,也是极不可能的,是难以想象的。人类究竟是如何出现在地球上的呢？

自然选择的过程提供了答案。这一过程让那些适应力差的子代不能生存并繁殖。因而，能够生存下来的子代适应力更强、更先进，能更好地活着并发展壮大。说得实际一些，这意味着那些能生存下来的子代更聪明、更灵活、更狡猾——简而言之，更像人。比如早期的原始生命形态变形虫，它能一代代地不断繁殖。由大数定律可知，长远来看，这种生命形态的每一子代都要比它的亲代更为高级一些。当然，亲代仍然很像阿米巴虫，要过很长一段时间才有更有趣的事情发生。数十亿年过去了，经历无数子代的繁殖，目标指向人类（或其他高级的有智慧的生命形态）的长征几乎是不可阻挡的。在某一时刻，较高等级的生命（人类）就出现了。

所以，从某种意义上来说，人类统治地球的原因与赌场总能发财的原因一样。在这两种情况下，机会都是稍稍偏向他们，因此从长远来看，他们肯定能发展壮大。（当然，第一种能自我繁殖的生命形态是怎样在地球上出现的，又完全是另一个问题。但只要生命一出现，自然选择就会开始起作用。）

类似的进化过程在其他领域里也能见到，例如烹饪和美食。在漫长的岁月中，各种风格的食品有的流传开来，有的未见流传。新的食品被研制出并推介给大众，有时很受欢迎，有时乏人问津。这是一种不同形式的"适者生存"，某样食品如果人们爱吃，它就是"适者"。据说，有很多食品新花样起初甚至是偶然创造出来的；有人把一样食品溅到另一样的上面，结果发现这一意外的组合味道很好。随机性又一次向我们提供了新的可能（不管是物种还是食品），随后它们被检验，看看是否适于生存。没有随机性，食品——正如物种——就会远没有现在这么高级，这么多样。

眼睛的颜色

"有其父必有其子"，这句俗语简单地描述了遗传信息是从父母传递给子女的事实。预测一个孩子的将来很复杂,因为不同的基因、不同的组合,对孩子的品性也有不同的影响。此外,一个孩子的特质和能力在某种程度上是由他所处的环境而非他拥有的基因来决定的。不过,孩子获得每一个特异基因的基本规则是很简单的,它完全是建立在概率的基础上。

人们的基因是成对出现的(也有少数例外)。例如,决定眼睛是浅色(蓝色、绿色、淡黄色或灰色)还是深色(某种程度的棕色或黑色),基本上是一个基因对。(最新的证据表明,影响眼睛颜色深浅的不只是一个基因对,但现在我们姑且假定只是一个基因对吧。)

如果一个人拥有的是浅色—浅色基因对,那他的眼睛就是浅色的。如果一个人拥有的是深色—深色基因对,那他的眼睛就是深色的。可如果一个人拥有的是浅色—深色这样的混合型基因对,又会怎样呢? 在这种情况下,他的眼睛会是深色的,因为深色基因是显性的,而浅色基因是隐性的。

如果在街上看见一个浅色眼睛的人,那你可以肯定他拥有的是浅色—浅色基因对。但如果在街上看见一个深色眼睛的人,那他拥有的可能是纯粹的深色—深色基因对,也可能是混合型的浅色—深色基因对。这可没有办法去判别。

这些基因是怎么传递给孩子的呢? 很简单:孩子从父母双方各取一个基因。孩子从父母双方各取哪个基因的概率是相等的,因此总共就有出现概率相等的四种结果。例如,假设父母双方拥有的都是浅色—深色基因对,那么有 1/4 的概率孩子会拥有浅色—浅色基因对,有 1/4 的概率是深色—深色基因对,还有 2/4 的概率是浅色—深色基因对。如下面的庞纳特方格①所示。

---

① 这是一种由英国遗传学家庞纳特(R. C. Punnett)首创的棋盘格,用于计算杂交后代的不同基因类型的频率。——译注

母亲的基因对

		浅色	深色
父亲的基因对	浅色	浅色—浅色	浅色—深色
	深色	深色—浅色	深色—深色

现在,假设眼睛都是浅色的一对父母生育了一个孩子。由于父母的眼睛都是浅色的,他们两人拥有的必定都是浅色—浅色基因对。他们的孩子除了从各人那里取一个浅色的基因外再也别无选择。所以他们的孩子也会拥有浅色—浅色基因对,眼睛也会是浅色的。总之,如果父母双方的眼睛都是浅色的,那么他们的孩子也一样。

另一方面,假设母亲的眼睛是浅色的,父亲的眼睛是深色的,他们生育了一个孩子。现在母亲拥有的必定是浅色—浅色基因对,而父亲拥有的可能是浅色—深色基因对,也可能是深色—深色基因对。如果父亲拥有的是深色—深色基因对,他们的孩子必定是从母亲那里取一个浅色基因,从父亲那里取一个深色基因,所以他拥有的必定是浅色—深色基因对,他的眼睛就是深色的。同样,如果父亲是浅色—深色基因对,那么孩子会有一半的概率从父亲那里获得一个浅色基因,从而拥有浅色—浅色基因对,因此眼睛就是浅色的。所以,如果父母的眼睛一浅一深,孩子拥有浅色眼睛的概率就会介于 0 与 1/2 之间,而拥有深色眼睛的概率则至少为 1/2。

最后,再假设父母双方的眼睛都是深色的,他们生育了一个孩子。父母双方拥有的必定都是深色—深色或浅色—深色的基因对,我们无法判别具体是哪一种。如果父母有一方拥有的是深色—深色基因对,孩子至少会获得一个深色基因,眼睛也就会是深色的了。如果父母双方拥有的都是浅色—深色基因对,孩子就有 1/4 的概率会从各方各获得一个浅色基因。所以,如果父母双方的眼睛都是深色的,孩子拥有浅色眼睛的概率就至多为1/4,而拥有深色眼睛的概率则至少为3/4。

搞清一个家庭的基因需要做一些侦探性质的工作。就我来说,我的眼睛是深色的(棕色),我父母也是。所以仅凭这一状况就可以确定,我父母拥有的都是浅色—深色或深色—深色基因对。

另一方面,我有一个兄弟的眼睛是浅色的(淡黄色)。所以,他拥有的必定是浅色—浅色基因对。怎么会这样呢?唯一的解释是我父母双方拥有的都是浅色—深色基因对,我的这位兄弟恰好从我父母那里各获得一个浅色基因。现在一切都变得清清楚楚了。

我父母双方拥有的都是浅色—深色基因对,这意味着他们的每个孩子都有1/4的概率会拥有浅色—浅色基因对,因而眼睛会是浅色的。(实际上,我们3个中有一个眼睛是浅色的。)每个孩子也都有1/4的概率拥有深色—深色基因对,并且都有1/4 + 1/4 = 1/2的概率拥有浅色—深色基因对(因为每个孩子都可以从母亲那里获得一个浅色的基因,从父亲那里获得一个深色基因;反之亦然)。

那么我呢? 由于我的眼睛是深色的(棕色),因此我所拥有的不会是浅色—浅色基因对,而是浅色—深色基因对或深色—深色基因对,且前者的概率是后者的两倍,因为我有两种不同的方法可以得到浅色—深色基因对(从母亲那里获得一个浅色基因,从父亲那里获得一个深色基因;反之亦然)。所以我有2/3的概率拥有浅色—深色基因对,有1/3的概率拥有深色—深色基因对——不过我实际上无法确定是哪一种。

这种情况就复杂了。但无论是追踪眼睛颜色的遗传情况,还是其他更复杂的特定对象的遗传情况——如疾病和缺陷等,预测及理解全都等于计算概率。

再见,蓝眼睛

你瞧见她正从吧台那里凝望着你。那双魔力般的浅蓝色眼睛直让你看呆了。夜色中,你俩相拥而舞,坠入爱河,不能自拔。

"我们结婚吧。"在大口喝着白兰地和热吻之间，她喘息着说，"我们会有6个孩子。全都漂亮得惊人，就像我一样！"

这听来很有吸引力。一船的淘气鬼，眼睛都是浅蓝色，全世界都要为之倾倒了。凭这样的魅力，这样的美貌——还有什么事情是你的孩子们做不到的呢。

但是，你又想起了什么。你的眼睛是棕色的，甚至在你的整个大家族中，很多代人的眼睛也都是棕色的。你几乎可以肯定自己身上没有任何浅色基因。由于深色基因是显性的，孩子们的眼睛肯定也都是棕色的。也许有一天你的孙辈的眼睛会是蓝色的，但你的孩子们的眼睛都不会是蓝色的——有没有眼泪看上去都一样。

"对不起，宝贝。"你冷冷地说，"那是行不通的。我们之间不合适。"你伤心地离开了她，蹒跚着走回家，让睡梦把一切忘掉。

传染性疾病

病毒感染是我们都关注的一件大事。从最近的流感到在全世界传播的艾滋病，病毒给人们带来了很多痛苦、折磨还有死亡。新病毒的起源有些神秘：也许与基因突变有关，或是从动物身上传来的，甚至是从实验室不小心泄露出来的。一旦病毒感染了我们，关注点就会集中在它会传播得多广，以及波及多少人。从本质上来说，专门研究疾病传播的流行病学，其实也是一种研究概率的学问。

每个被病毒感染的人最后要么痊愈，要么病死。从病人的角度来看，痊愈与病死有天壤之别，但从病毒的角度来看，这两种结果是一样的，即这个人不再具有传染性，因而也不会再去传染他人了。这种病毒如果还想生存，就得转移到别的宿主身上。

所以，从病毒的角度来看，它要广为传播的唯一办法是不断去感染新的人。每次一个新人被感染，这种病毒的宿主就增加了一个。然而，每次有一个染上此种病毒的人痊愈或死了，这种病毒的宿主就减少了一个。（概率学家称这个系统为"分支过程"。它可以形象地用一棵树来表示,从每个宿主到被他传染的各个人都由分支点相连。)这是病毒永远的战争——尽力增加受感染者的人数并且减少痊愈者的人数。

病毒是聪明的,它们懂得大数定律。它们知道,长远来看唯一重要的问题在于,宿主的总数平均是在增加还是在减少。只有当宿主的总数平均是在增加,病毒才会广泛传播开来。

病毒怎样才能确保出现这种状况呢?很简单。它只要确保,从平均来看每个感染上病毒的人在痊愈或病死之前,能再将此种病毒传染给别的不止一个人。(显然,如果上帝曾告诉人类要"一往无前,生生不息",那他对病毒也曾作过同样的指示。)所以,一种病毒是会迅速传播还是走向消亡,完全归结为一个简单的问题:从平均来看,这种病毒的再繁殖数——每个染上此种病毒的人将它再传染给其他人的人数——是大于1还是小于1。

传播消息

你刚得知你的兄弟路易今晚会到镇上,并且答应和你们一起吃晚饭。太令人激动了!你要把所有的亲戚全喊来——堂(表)兄弟姐妹、亲家还有祖父母都想看看路易呢。

"嗨,比利。"你告诉儿子,"路易叔叔今晚要来吃饭。我们请每个人都来。快去通知大家!"

比利懒懒地走出门,正好撞见你女儿休。"休,"他开口道,"去告诉大家今晚来和路易叔叔一起吃饭。"

比利打算再去找别人通知这件事。可不一会儿他就看到一条蝾螈在灌木丛中急急穿过,就跑去捉蝾螈了,完全忘了他的任务。

与此同时,休去了图书馆,把晚饭以及可怜的路易叔叔全都抛在脑后。她没有再告诉任何人。

最后,晚饭时间到了。你本来期盼会有一大群人迎接你亲爱的兄弟,可是现在除了你的两个孩子外别无一人。路易要来的消息看来并没有远远地传开。比利只告诉了一个人，而休没有告诉任何人，平均起来每人只告诉了另外半个人。半个人比1个人显然少得多，难怪这条消息很快就湮没了。

说到传染性疾病的传播，我们的命运是紧紧联系在一起的。你是否会被感染上不仅取决于你自己是否容易被感染，还取决于你周围的所有人是否容易被感染。例如，为了避免患上感冒，你可能会采取这样一些措施：经常洗手，尽量减少与别人以及栏杆和门把手这类公共设施的接触，不用手碰自己的眼睛、嘴巴，保证睡眠时间充足等。这些个人举动对于减少你患感冒的概率也许会有适当的影响。另一方面，如果你周围的每个人也都有同样的举动，那么他们中患感冒的人也会更少，而你也就会更安全。此外，如果世界上的每一个人都是这么小心翼翼，那么平均来看，每个患病的人再将这种病传染给别人的人数就要少于1。这种病毒将会迅速消亡，许多人将能免除因染上它而会有的不适及痛苦。

仅仅因为周围的人没有染上一种疾病，所以你也不会染上此种疾病，这种现象有时被称为"社区免疫"，在预防疾病的传播上它能起到很大的作用。然而，社区免疫的观念有时也能迷惑人，能让人不明智地放松警惕。一个悲剧性的例子就是艾滋病的传播。许多人认为他们在性行为上不必采取什么安全措施，因为他们的性伴侣"一定是安全的。"这种对社区免疫的过分依赖在全世界范围内造成了灾难性的后果。

疫苗也有类似的问题。如果一种疫苗有效并且每个人都接种了，它所针对的那种疾病将会迅速消亡。因此，如果你周围的人都接种了此疫苗，这种疾病几乎可以肯定会以某种方式消失。由于接种疫苗往好里说会让人不舒服，往坏里说可能会让人疼痛或造成伤害，有一种办法是让其他所有人都去接种，而你就免了吧。

英国政府曾要求所有的儿童都接种 MMR（麻疹、腮腺炎、风疹）疫苗，这引起了一场关于该疫苗的大争论。1998 年，由韦克菲尔德（Andrew Wakefield）领导的一个医学研究小组在《柳叶刀》上发表了一篇论文,指控这种疫苗可能会导致自闭症。他们的主要证据是有 8 起这样的病例:小孩在接种了这个疫苗的几天后表现出了自闭症的症状。消息一传出,有些父母就不让孩子接种这种疫苗了;有人指责这些父母自私地依赖社区免疫,致使整项疫苗接种计划的总体效果打了折扣。有民众施压,要求提供 3 种独立的疫苗(分别针对麻疹、腮腺炎和风疹),并允许父母自愿选择。政府拒绝了这一要求,并且分辩说,为了公众的健康,所有的儿童都应该接种这种针对 3 种疾病的疫苗。当首相布莱尔拒绝透露自己的儿子是否接种了 MMR 疫苗时,局面闹得更僵了。

随后的研究没有证实 MMR 疫苗与自闭症之间有何联系,并且大多数的研究人员也相信 MMR 疫苗十分安全。尽管如此,在 1998 年的那篇论文发表后的几年里,英国约有 20% 的父母拒绝让他们的孩子接种这种疫苗,这引起了人们对于那几种疾病会广泛传播开来的担心。确实有一些证据表明,近来英国的麻疹病例是增加了。MMR 疫苗危机凸显了个人自由与社区免疫之间、父母的关爱与对医学界的信任之间、个人的谨慎与群体的利益之间艰难的博弈。

控制疾病传播最极端的方法是将受感染者同其他人完全隔离开来。这种方法用来对付过很多种疾病,从麻风病、淋巴腺鼠疫[加缪(Albert Camus)的《鼠疫》(La Peste)一书对此作过有力的描述]一直到 2003 年在中国和多伦多爆发的 SARS。这种隔离试图让还没受到感染的人免于被感染。这种做法如果成功,新的受感染者的人数最终减少到零,因而疾病也就会被消灭。

采取正确的预防措施并接种疫苗能大大减轻疾病的威胁。然而,这样的事实依旧存在:如果突然出现一种高传染性高致命性的新病毒——像达斯汀·霍夫曼主演的《恐怖地带》(Outbreak)这部电影中戏剧性地描述过的那种病毒——它们仍会在很短的时间内夺走相当一部分人的生命。比如,14 世纪爆发的一场淋巴腺鼠疫(即黑死病,5 年内杀死了 2500 万人),1918—1919 年爆发的一场流感(在仅仅一年的时间里就有 2500 万人丧命)①;我们全都知道,这样的事情是还会发生的。

新生力量的补充

并非只有病毒在为自己数量的增减而担心,人类也面临同样的挑战。每个人在去世之前都会养育一定数量的孩子——不管是 0 个、1 个、2 个还是更多。长远来看,人口总数会增加还是减少? 由于需要父母两人才能生下一个小孩,问题变成了每对父母平均生下的小孩是多于还是少于两个。如果他们生下的小孩多于两个,人口总数就会增加;如果生下的小孩少于两个,人口总数就会减少。如果每位妇女平均正好生育两个小孩,那么长远来看人口总数就不会发生变化。(联合国把人口替换率设为每位妇女 2.1 个小孩;那多余的 0.1 是考虑到那些在生育前就去世了的妇女而加进去的。)

人口总数实际上是在增加。的确,世界范围内,每位妇女在她的一生中平均生育 2.65 个小孩。这一总体生育率大大超过了 2,正好为全世界人口总数的巨大增长——从 1950 年的 26 亿增加到今天的 63 亿,提供了解释。(联合国现在期盼总体生育率能逐渐下降到人口替换率的水平,这样大约到 2300 年,全世界的人口总数就会稳定在 90 亿上下。再过 300 年我们会看到他们的期盼能否实现。)

另一方面,许多国家(特别是工业化国家)的总体生育率非常低。据《中情局世界概况》(*CIA World Factbook*)记载,加拿大的每位妇女平均只生育 1.61 个小孩,英国是 1.66 个,澳大利亚是 1.76 个,法国是 1.85 个。所有这些国家都需要外来移民,以确保长远来看人口总数不会减少。美国的每位妇女平均生育

---

① 参见《大流感——最致命瘟疫的史诗》,约翰·M·巴里著,钟扬等译,上海科技教育出版社,2008 年。——译注

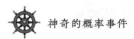

2.07 个小孩,因此无须移民也能基本维持人口总数不变(但他们仍接受移民)。无论如何,人口总数的增减与病毒传播疾病涉及的是同一套数学规则。

除了病毒和人类,各种动物和植物也都要繁殖后代,根据平均替换率,它们在总数上也会类似地增加或减少,但是类比还不仅于此。计算机病毒也会自我复制(这就是称其为病毒的原因)。正像生物学病毒一样,计算机病毒要想存活,平均来看它们也得被传递给不止一个接收者。计算机病毒把这一教训牢记在心:在程序的支配下,它们以全副精神搜索电子邮件的地址簿,并向它们能找到的每一个地址发送病毒的备份。如此一来,即使只有一小部分计算机用户会蠢得去运行带有病毒的程序(通常是由于不明智地打开了电子邮件的附件),也会导致病毒的备份被发送给很多人。结果就是,平均来看,每次就会有多于一个新用户被感染上了病毒。

连锁信也会自我复制:它们试图把自己转发给另一个宿主,然后重复此过程。与病毒一样,连锁信也受大数定律的约束。如果连锁信的每位接收者转发的次数平均多于 1,这种连锁信就会广为传播;如果平均少于 1,这类信就会迅速消亡。这正是大多数连锁信要求你转发 5 次或 8 次或 10 次的原因所在。如果它们要求转发的次数太多,这一任务会太繁重,几乎没有人愿意去做。另一方面,如果它们要求转发的次数太少,那么即使有适当数目的接收者愿意去做,也不足以会让信传播。例如,假设有一封连锁信要求每位接收者转发 2 次,而 3 位接受者中只有一位会这样去做,那么平均每位接收者就只转发 2/3 次。由于 2/3 小于 1,这封信就会迅速消亡。或者再考虑一个更极端的例子,假设有一封连锁信只要求每位接收者转发 1 次。那么即使只有少数接收者没有这样去做,平均每位接收者转发的次数也要少于 1,这封信也将传不下去。我愿意打赌,在你的一生中,你都不会收到这种只要求你转发 1 次的连锁信。

在 2004 年美国总统选举日的前一个晚上,共和党以小布什的名义将一封电子邮件群发出去,提醒支持者们第二天去投票。收到这封邮件的人被要求再将它转发给另外 5 个人。共和党人知道,他们的连锁信要能取得成功,平均说来对它转发的次数应当多于 1。如果他们只要求每位接收者转发 1 次或 2 次,那么如果有许多接受者没这样做,他们的信不久就会消亡。要求每位接收者转发 5 次,这封连锁信才得以在选举前的数小时内生存下来并广为传播。

即便是众口相传的信息也受大数定律的约束。有一则很老的电视广告,是说一位妇女因为对自己选择的洗发液很满意,故而将它告诉给了两位朋友,她们每人又再告诉给了别的两位朋友,"就这样一直传开来,传开来。"我不记得她们在替哪种牌子的洗发液做广告(我也不认为有必要将自己用的洗发液宣扬出去)。但这则商业广告显示了,即使是邻里的流言蜚语,它们是怎样通过自我复制传播的。如果一则流言足够有趣,听到的人就会把它说给不只 1 个人听,那这则流言就会很快传播开来。如果不够有趣,那它就会逐渐消亡。对那种洗发液来说,由于 2 个人多于 1 个人,它一定会在朋友们之间广为相传,最后有越来越多的人知道它。

从进化到遗传,从病毒到连锁信,它们的自我复制表明,一点点的随机性能走得有多远。凭借简单的规则和各种各样的概率性,新物种的发展和某一条信息的传播都能以非常高的效率实现。

狡猾的蒙提霍尔

在日常生活当中,我们经常会去估计各种各样的概率大小:过马路会被车撞死的概率有多大? 通过学校考试的概率有多大? 梦中的女性在乎我的感觉的概率有多大?

有时我们会得到一些额外的信息,促使我们对概率重新估计。比如,我们从报上看到某条马路交通事故多发,听说我们的老师打分很严格,梦中的那位女性对我报以微笑了。每一条新信息都能立即引发我去对以前估计过的概率作出修正。比如,也许那条马路比我想象的要更危险,我是通不过考试的,也许她终究还是爱我的。

可惜的是,我们并非总能正确地去对概率作出重新估计。比如,假设你所在的迷人小镇最近人心惶惶,因为在多年的极度宁静之后,突然发生了一系列杀人案件。警察已经锁定5名杀人嫌疑犯。进一步的调查揭示了一条新细节:那5名杀人嫌疑犯中,有4位是蓄胡子的男人。镇上共有1万人,蓄胡子的男人总数有400。"提防蓄了胡子的男人!"报纸上的大字标题这样尖叫道。你本来就对蓄胡子的男人存有戒心,这下可得到证实了:他们是危险的!

你尽力保持平静,该做啥还做啥。然而,第二天晚上回家,你走在那条又黑又偏的路上,突然听到身后传来一声响。有人! 你心跳加快。焦急之中,你想起了概率的视角。镇上共有1万人,其中只有5人是杀人犯。所以你身后随机出现的那个人是杀人犯的概率只有万分之五,即0.05%。你稍微放松了一些,但随后在走过一盏路灯时,你仔细看了那人一眼——他有胡子! 你大惊失色。现在你真的完了。由于5个杀人犯中4个有胡子,所以有4/5也即80%的概率,你身后的这个人是杀人犯,对吗?

不,不对。如果总共有400个男人蓄胡子,其中4个是杀人犯,那么身后出现的这个蓄胡子男人恰好是杀人犯的概率就是4/400,即1%。这与你最初估计的80%差得远呢。所以,有胡子的确增加了他是杀人犯的概率,但只是从0.05%增加到了1%,这个数仍然小得很。

这个例子很有代表性,它说明了我们在评价人群时经常会出现误判。想想我们平常的做法,在某一特定种族、民族、国别、宗教信仰或性别的人群中的少数成员身上发现了一些特征(好的或不好的),然后就立即断定这一人群中的大多数成员身上也有同样的特征。

在上面的例子中,当发现那个神秘的陌生人蓄了胡子时的确改变了他是一个杀人犯的概率,只是改变不多。所以问题变成,当得到新的证据后,你对概率作出的估计应该改变多少? 在新证据的基础上对概率重新估计,被称为条件概率。条件概率常常显得很难捉摸,但它又会在许多不同的情境中出现。

患上红斑狼疮的恐慌(一个真实的故事)

我曾极为认真地算过一个与我自己关系密切的条件概率。那是在 25 岁时,我一个棒小伙子去参加了一次例行的全面体检。一个星期后,我收到一封信。信上只有三行:"对红斑狼疮一项的检查表明你可能患上它了。不过,正常人群中也有约 5% 检查结果呈阳性。请与我们的办公室联系,以安排随后的会见。"我惊呆了;那一刻之前,我一直想当然地认为自己的身体是很好的呢。

会见安排在三天以后。我被告知医生可以将我的血样送去做更复杂的 DNA 分析,以判断我是否真的患了红斑狼疮。问题是,他们也许要等一两个星期才完成检验。

我很恐慌,不得不先想办法来消除自己的焦虑。我转向概率论求救。我必须弄清,我是正常人群中 5% 里的一员吗? 他们的身体很健康,检查结果却呈阳性;或者我是那约占 1% 的真的患了红斑狼疮的人群中的一员?

我发现这是一个与条件概率有关的问题。就是说,在已经知道一项红斑狼疮检查结果呈阳性的条件下,我真的患红斑狼疮的概率有多大?

问题这样叙述,回答就简单了。一项红斑狼疮检查结果呈阳性的人在整个人群中占的比例等于,真的患红斑狼疮的人占的比例 1% 再加上没有患红斑狼疮检查结果却呈阳性的人占的比例 5%,也就是 6%。而整个人群中真的患了红斑狼疮的人占的比例只有1%。所以在已经知道检查结果呈阳性的条件下,我真的患红斑狼疮的概率就等于1%除以6%,即1/6,或者是约17%。

这不算太大。当然,患上像红斑狼疮这样的重病的概率即使只有17%我也不愿意,但17%总比100%要好得多。它足以让我从极度的恐慌中缓过一口气来,让我变得只是比较害怕或担心——这已是很大的改善了。

最后我的医生给我打来一个电话。DNA检查结果呈阴性:我没有患红斑狼疮。概率论帮我度过了一个非常困难的时期。

有时,与条件概率有关的混乱很容易看到。例如,戈德堡(Myla Goldberg)的小说《蜂王季》(Bee Season)叙述了一场有151名选手参加的拼字比赛,这些选手的编号为1到151。有一位选手的妈妈希望得到一个两位数的编号,因为在大多数年份里,最后赢得比赛的选手的编号是两位数的。当然,在这一例子中,各个编号的选手赢的概率是一样大的。由于两位数的编号有90个(从10到99),所以编号为两位数的选手赢得比赛的概率为90/151,即59.6%。不过,即使你的编号是两位数且最后赢的肯定是编号为两位数的选手,那你会赢的概率仍然只有1/90,即1.1%。总的来看,你赢的概率就等于,编号为两位数的选手会赢的概率即90/151,乘以在已知最后赢的是编号为两位数的选手的条件下你会赢的概率即1/90,结果为1/151——与其他任何一位选手会赢的概率一样。

再来看看飞机失事与车祸的例子。我们已经知道,在车祸中死亡的人要远远多于在飞机失事中遇难的人。所以,即便是考虑到乘汽车的人比乘飞机的人要多得多,乘飞机仍比乘汽车要更安全。不过,除了那些致命的车祸以外,许多车祸并非是致命的,而大多数的飞机失事却会导致大部分的乘客遇难。这意味着,要想从总体上避开噩运,那么乘飞机比乘汽车要更安全。不过,如果你多少可以肯定你将会遇到一场事故,那么车祸要比飞机失事更安全。换句话说,飞机比汽车更安全(它们造成的死亡人数更少),但飞机失事比车祸更危险。这就是条件概率。

比例原则

我们常常会遇到这样的情境,对于两起不同的事件,我们一开始认为它们发生的概率一样,但后来我们又得到的新信息使我们认识到其中一起事件发生的概率更大。例如,假设你在等着洗澡,你的姐姐在里面已经15分钟了。你愤怒异常,对姐姐的恨——一开始就不小——不断在增加。但现在有一个问题,你有两个姐姐爱丽丝和布琳达,你不能肯定在洗澡的是谁。这不大好——如果你要恨姐姐,那至少要先弄清楚该恨哪一个姐姐吧。

假设两个姐姐的卧室门都关了,你就不能大声喊叫,因为另一个姐姐(不论是谁)可能还在睡觉。总之,没有什么特别的证据可以表明到底是哪一个姐姐在洗澡。你以为,爱丽丝与布琳达两人耽搁了你早上时光的概率是一样大的。

突然你听到洗澡间的哗哗水声中夹有模糊不清的悦耳曲调,你意识到洗澡的那个人正在唱歌。她的高兴只能让你更加生气,但就在这一时刻,你也闪过一个想法。也许可以依据这条新信息(唱歌)来修正你以前估计的概率,进而对该由哪一个姐姐来承担你的愤怒有一个更明确的认识。你知道爱丽丝喜欢唱歌,而且她几乎每次洗澡都要唱歌。另外,布琳达对于唱歌的热情只是一般般,她洗澡大概四次中有一次会唱歌。现在你既然已经听到有人在唱歌,你推测更有可能是爱丽丝在洗澡,而不是布琳达。

但是,这个概率到底有多大呢?你接着往下想。如果爱丽丝唱歌的概率是布琳达的4倍大,那么比起布琳达,洗澡时唱歌的人是爱丽丝的概率应该是4倍大。啊哈,你搞清楚了。爱丽丝与布琳达的概率比是4比1。你有4/5的把握应该对爱丽丝生气,只有1/5的把握对布琳达生气。你现在净想着该怎么报复爱丽丝了。

这个例子说明了一个很重要的观点,我称之为比例原则(它是贝叶斯法则的一种特殊情况)。如果一开始不同的事件(比如是爱丽丝或布琳达在洗澡)出现的概率一样大,那么,新证据(比如唱歌)一来,就要按其概率以同样的比例去修正以前的概率(在这个例子中,就是应该按照爱丽丝或布琳达唱歌的概率去修正)。

　　一旦理解了这一原则,应用就简单了。例如,假设有一位名叫快枪手查理的狡猾小子在大声吆喝:"来吧,先生。来玩玩 3 张卡片的游戏,够精彩,够刺激!"等你小心翼翼地走上前去,他又继续说道:"看这样 3 张卡片。一张两面都是红色,一张两面都是黑色,还有一张一面是红色一面是黑色。对吧?"你点点头,他又往下说了。"现在你把这 3 张卡片放在这个大袋子里随便倒腾。然后任意取出一张卡片,立即摆在桌上,哪一面朝上都行。"

　　你犹犹豫豫地把 3 张卡片放入袋子,刷刷地甩动,然后抓出一张卡片,默然摆在查理眼前。你看到朝上的那一面是鲜艳的红色。"Ok,这一面是红色,对吧?"查理说。"所以我猜你拿到的这张卡片不可能两面都是黑色,嗯? 你拿到的卡片要么两面都是红色,要么一面是红色一面是黑色,而这张卡片的另一面是红色或黑色的概率应该是一半对一半,是吧?"

　　查理想引诱你来打赌,你开始慌了,但你很快想起概率的视角。起初,3 张卡片其中一张被抓到的概率一样,新证据是抓到的那张卡片有一面是红色。啊哈,这是条件概率问题。

　　你决定试一试比例原则。你推想如果抓到的那张卡片两面都是红色的,那么任选一面朝上,肯定都是红色;但是如果抓到的那张卡片一面是红色一面是黑色,那么任选一面朝上,是红色的概率就只有一半那么大了。由于两面都是红色的那张卡片与一面是红色一面是黑色的那张卡片相比,就朝上的那一面是红色的概率来说,前者是后者的两倍,所以现在抓到的卡片两面都是红色的与一面是红色一面是黑色的两者概率之比也应为 2 比 1。这也就是说,你抓到的这张卡片的另一面也是红色的概率为 2/3。

"对不起,查理。"你回话了。"根本不是一半对一半。另一面是红色的概率有 2/3 那么大。"为了验证这一看法,你把卡片的另一面翻过来,果然也是红色。查理本想开口说什么,但他意识到你对于他而言是太聪明了。他开始去寻找下一个会上当的傻瓜。

在这一例子中,有许多人就是不相信另一面也是红色的概率为 2/3。如果比例原则不能让你信服,这儿还有另外两种方法可以得到同样的答案。(若能用不同的方法得到同样的结果,数学家们是最高兴的了——这说明答案肯定是正确的。)

其中一种方法是这样的。在游戏开始时,你抓到一面是红色一面是黑色的那张卡片的概率为 1/3。尽管发现有一面是红色改变了许多状况,但它没有改变这一概率。不管看到的是何种颜色,你抓到一面是红色一面是黑色的那张卡片的概率仍为 1/3。所以,卡片的另一面是黑色的概率为 1/3,是红色的概率为 2/3。

还是不相信我?那么再试试看下面的解释。游戏中有 3 张卡片,每张都有两面,总共有六面。你一开始做的就是从这六面中随机地选一面。由于所选的这一面是红色的,它必定是红色的那三面中的某一面,是哪一面的概率都一样。另外,红色的那三面中又有两面(就是两面都是红色的那张卡片的两面)反过来看也是红色,而只有一面(就是一面是红色一面是黑色的那张卡片的红色一面)反过来看是黑色。所以你抓到的那张卡片反过来看也是红色的概率就是 2/3。

你现在明白了吧。根据比例原则或通过记住一开始的概率或通过去数每一面而不是每一张卡片,我们发现,在快枪手查理吆喝大家来玩的 3 张卡片游戏中,一旦你看到了朝上的那一面是红色,那么另一面也是红色的概率就是 2/3。

很简单,对吗?现在你可以试着来考虑一下所有条件概率问题中最著名的

（或名声最差的）蒙提霍尔问题了。

蒙提霍尔问题

1990 年 9 月 9 日，专栏作家萨万特（Marilyn vos Savant）在她主持的《大观》（*Parade*）①杂志的"玛莉莲答客问"专栏中提出了一个概率的问题，即"蒙提霍尔问题"。而蒙提霍尔（Monty Hall）本来是电视游戏节目"一锤定音"（Let's Make a Deal）的主持人。

这一问题是假设在三扇门中的某一扇门的后面停了一辆崭新的小汽车。你先选定一扇门（比如 1 号门）。随后主持人会打开另外一扇门（比如 3 号门），里面没有小汽车（实际上会有一头山羊）。接下来你有一次改变的机会：可以坚持最初的选择（1 号门），也可以改成选另外一扇还没打开的门（2 号门）。如果汽车确实停在你最后选定的那扇门的后面，它就归你了，否则一切作罢。

问题是，你应该坚持最初的选择还是改变一下？那辆汽车是更可能停在 1 号门的后面还是 2 号门的后面？大多数人认为，无论改不改赢的概率是一样大的；可是萨万特却断言，改变一下，赢的概率会有之前的两倍大。

出人意料的是，谈论此问题的这期专栏竟引来了一场激烈的争论。数千封信雪片般飞来。乔治梅森大学、佛罗里达大学、密歇根大学、乔治城大学等院校的数学家在信中纷纷指出萨万特的答案是不正确的，说她"夸大事实了"，她的"逻辑是错误的"，甚至是"错到了极点。"一位过激的学者竟然写道萨万特就是个傻瓜！

作为回应，萨万特向"全国上数学课的班级"发起了一场挑战，要他们把这一游戏当成试验去做一下。她说，试验者每次都坚持最初的选择先试 200 次，然

---

① 《大观》杂志是一本由《华盛顿邮报》发行的周末副刊杂志，是美国最为流行的杂志之一。——译注

后每次都改变最初的选择再试 200 次,看看哪种做法赢的次数多。许多接受这一挑战的小学数学教师在回信中表达了他们的兴奋。其中一封信是这样写的:"带着无比的热情自豪地宣布我们的数据是支持你的。""班里孩子们的欣喜让我们的教学变得有价值了。"另一封信这样颂扬道。"结果真是令人激动呀!"第三封信惊叫道。(另一方面,有个学生说他很高兴,因为这一试验"让我有两天都不用想着分数了"。)

蒙提霍尔问题牵动了很多人的神经,包括数学家、教师、学生,还有普通的公众。我们怎么来解决这一棘手的小小难题呢?

首先要注意的是,问题的答案依赖于主持人的行为模式。例如,假设那位主持人不喜欢你,故而只有当你最初的选择正确时,他才给你提供一次改变的机会。此种情况下,你就绝对不要改变自己最初的选择,因为他允许你改变,只是因为改变是一个错误。相反,假设那位主持人真的是喜欢你,故而只有当你最初的选择错误时,他才给你提供一次改变的机会。此种情况下,你当然应该改变最初的选择。

为了消除这些含混不清,我们先来明确地列出几条假定。首先我们假定,一开始,在你作出任何选择之前,那三扇门中哪一扇后面停了一辆小汽车的概率是一样大的。我们还假定,不管你最初的选择是对还是错,主持人总是会去打开与你选择的那扇门不同的另一扇门,而且它的后面肯定没有小汽车。随后主持人总是会给你提供一次改变的机会,让你考虑选择另一扇没有打开的门。此外,如果你最初的选择碰巧是对的,主持人会去打开另两扇门中任一扇的概率是一样大的(此时,另两扇门的后面都没有小汽车)。

既然各种假定都已明确列出,我们就可以来试一试应用条件概率的知识。起初,三扇门中任一扇的后面停了一辆小汽车的概率是一样大的。而后,我们看到了一条新证据出现——即主持人打开了 3 号门,后面没有小汽车。我们现在要问的是:"汽车停在 2 号门后面的概率应该修正为多少?

比例原则告诉我们,2 号门后面有或没有小汽车的概率,与如果小汽车真的是停在或没有停在 2 号门后面,我们将看到那条新证据(即看到主持人打开 3 号门)出现的概率,这两者应该成比例。如果 2 号门后面确实有小汽车,那么在我们猜了 1 号门之后,主持人除了去打开 3 号门外没有别的选择——3 号门是剩下的后面没有小汽车的唯一一扇门。所以,主持人总是会去打开 3 号门。此种情况下,主持人打开 3 号门的概率就是 1/1(必然发生之事)。

　　另一方面,如果 1 号门后面确实停了一辆小汽车(也就是说,我们最初的选择碰巧是对的),那么主持人也面临一种选择。有一半的概率他会打开 2 号门,有一半的概率会打开 3 号门。此种情况下主持人打开 3 号门给我们看的概率就是 1/2。

　　现在可以下结论了。由于小汽车在 2 号门的后面,我们看到的那条新证据(主持人打开 3 号门)出现的概率,比起小汽车在 1 号门的后面同一证据出现的概率,前者是后者的两倍。所以,根据比例原则,如果我们猜 1 号门,随后主持人打开 3 号门,那么小汽车在 2 号门后面的概率与小汽车在 1 号门后面相比,前者也是后者的两倍。换句话说,如果我们改变自己最初的选择,从 1 号门跳到 2 号门,那么我们赢得那辆小汽车的概率就会增加到 2/3。所以,萨万特确实说对了,那些批评她的数学家却完全错了。

　　如果能理解为什么小汽车在 2 号门后面的概率是 2/3,那么你就比那些给《大观》杂志写信的数学家们要强,但是如果你不能理解,也不要太在意。还有别的方法可以得到同样的答案呢。

　　你在开始参与这一游戏时,并不知道小汽车是停在哪扇门的后面。所以你最初选择 1 号门完全是随机的,猜对的概率只有 1/3。你知道主持人随后会打开另一扇门,后面没有小汽车,所以当他这样做时,你一点也不用感到惊讶。特别是,主持人的行为对于你最初的选择是对的概率没有丝毫影响,也就是说,选 1 号门是对的概率与当初一样,还是 1/3。所以,有 1/3 的概率小汽车是停在 1

号门后面,因而(减一减)就有2/3的概率小汽车是停在2号门后面。萨万特同样是说对了。

如果你还是不大信服,再试试下面的一种解释。假设当主持人也得选择打开哪扇门时是通过掷硬币来决定的。即使毫无选择,他也假装掷掷硬币,尽管那并没有意义。这么一来,我们就可以列出一张包含所有可能情形的表格,如表14.1所示。表格中的六种情形出现的概率都一样大。有三种情形(表格中的第二、第三和第四行)主持人打开了3号门,其中两种是小汽车实际上停在2号门后面。这意味着如果主持人打开了3号门,那么有2/3的概率小汽车实际是停在2号门后面。所以,改变最初的选择,赢的概率就是2/3,正与萨万特说的一致。

表 14.1 蒙提霍尔问题的各种可能情形(假设最初的选择是1号门)

你的选择	汽车位置	硬币	主持人打开
1 号门	1 号门	正面	2 号门
1 号门	1 号门	反面	3 号门
1 号门	2 号门	正面	3 号门
1 号门	2 号门	反面	3 号门
1 号门	3 号门	正面	2 号门
1 号门	3 号门	反面	2 号门

这就是与条件概率有关的故事。总的来说,比例原则告诉我们,如果一开始时两起不同事件出现的概率一样大,那么新证据一来,我们就应该按新证据出现的概率以同样的比例去修正以前的估计。所以,如果爱丽丝唱歌的概率是布琳达的4倍,那么是她在洗澡的概率也就是原来的4倍(因而这一概率就是4/5)。或者,两面都是红色的卡片与一面是红色一面是黑色的卡片相比,就朝上的一面会是红色的概率来说,前者与后者的两倍,那么你抓到两面都是红色的卡片的概率也就是原来的两倍(因而这一概率就是2/3)。或者,小汽车停在2号门后面与停在1号门后面相比,根据主持人会去打开3号门的概率,前者是后者的两倍,

因此小汽车停在 2 号门后面的概率也就是原来的两倍（因而这一概率就是 2/3）。

如果你还是不能相信蒙提霍尔问题中概率是 2/3，那要记住有许多数学家在头一次听到这一问题时的反应也是如此。比这一问题与比例原则更重要的是有关条件概率的基本事实：新的证据一来，你就要相应地去修正以前估计的概率——既不要过头（比如蓄胡子的男人）也不要低估（比如 3 张卡片游戏或者蒙提霍尔问题）。若能将此牢记，在以后的生活中就能根据所见所闻作出合理的推断，因而你也就会变得更为明智。

好斗的统计学家

统计学家之间有一场严肃且时而激烈的论战，其根源之一为条件概率。一些统计学家认为，传统的统计推断中的许多概念——比如 p 值、误差幅度以及"20 次中有 19 次"等——完全没有意义。这些统计学家被称为是"贝叶斯一派"——贝叶斯（Thomas Bayes, 1702—1761）是英国的一位新教牧师，有关条件概率的许多早期工作都是由他完成的。（贝叶斯去世多年后，这场牵扯到他名字的有关统计程序的论战才开始，但贝叶斯一派的统计学家仍视他为主角。贝叶斯葬在伦敦闹市区的邦希田园，他死后 200 年坟墓上又多了这么一段碑文："为了纪念托马斯·贝叶斯在概率论方面的重要工作，世界各地的概率学家捐资于 1960 年重修了这座墓穴。"）

贝叶斯一派的统计学家相信，所有的不确定性都应该用条件概率来衡量。比如，如果他们要测试一种新药的疗效，他们可不会满足于知道这一药物的疗效全由运气造成的概率小于 5% 这件事。他们想要知道，这一药物真的有效的条件概率是多少？或者，如果考察一项民意调查，他们并不想知道误差幅度是多少，而是想要知道，在已知民意调查结果的前提下，候选人会赢得选举的条件概率是多少？

为了说得更确切些，我们再来看看之前介绍过的一种想象出来的普劳伯利特斯病。这种疾病通常会导致半数的患者死亡,可是给——比如说——5 位患者用了一种新药后,他们全都活了下来。这一结果足以证明这种药是有效的吗?

我们已经知道,经典的(或"持频率论的")统计学家会让我们去算 p 值——这 5 位患者是全凭运气而活下来的概率。这一 p 值等于 5 个 50% 乘在一起,结果是 1/32,即 3.1%。由于这一 p 值小于 5%,经典的统计学家会推断这 5 位患者全都活下来不可能是由运气造成的,所以那种药一定是有效的。

贝叶斯一派的统计学家分析起来可就不一样了。首先,要对那种药是否有效的概率指定一个数值(称为先验概率),它代表在进行药物试验或在得到任何证据之前我们的看法。由于不能肯定那种药的疗效到底怎样,也因为想采取一种开放的心态,我们也许会宣布那种药有神奇疗效(能救活所有的患者)的先验概率为 50%,而那种药根本无效(还是有半数的患者会死亡)的先验概率为 50%。

一旦先验概率定了下来,我们就要去算在已知用过药的 5 位患者都活下来的前提下,这种药确实有效的条件(或后验)概率。

这一条件概率是多少? 如果那种药确有神效,那么任意 5 位患者就都会活下来。然而,如果那种药毫无疗效,那么这一令人高兴之事发生的概率就只有 1/32 了。此外,按照我们刚才指定的先验概率,那种药有效还是无效的概率是一样大的。所以我们现在可以应用比例原则。它告诉我们,如果那 5 位患者全都活了下来,那么药有神效的概率与无效的概率相比,前者是后者的 32 倍。这也就意味着那种药有神效的后验概率是 32/33(96.97%),而无效的后验概率是 1/33(3.03%)。

因此,经典的统计学家会说 p 值是 3.1%,进而推断出那种药一定有效。贝叶斯一派的统计学家则会宣布在已经得到那份证据的前提下,那种药有效的概率高达 96.97%。这两个结论简直是一回事,它们都强力支持那种药是有效的。只不过经典的统计学家是依据 p 值小于 5% 得出此药有效的结论,而贝叶斯一派的统计学家则是利用条件概率得出此药有效的一个最终的后验概率96.97%（无效的是3.03%）。

　　经典的统计学家与贝叶斯一派统计学家之间的差别听起来似乎只是小小的、技术上的差异，在许多情境下也确实是这样。但对某些统计学家来说，这一差异可是直接关系到他们对随机性的根本看法。与只是把经典的统计学和贝叶斯一派的统计学作为话题谈谈而已不同，他们对各个研究人员都要分清是频率论者还是贝叶斯一派，然后相互批评对方的做法。贝叶斯一派的人攻击频率论者说，他们"逻辑上不一致的思想"被"扭曲"了，真正要关心的不是什么 p 值和误差幅度，而是在已经得到的数据的基础上去估计一种药物确实有效或者一位候选人确实会当选的概率。频率论者则反驳道，贝叶斯一派的统计学要求在试验开始以前就根据你之所信确定一个先验概率，而怎么来确定先验概率却没有一个说得清的正当理由，这也就使得贝叶斯一派的统计学毫无意义。贝叶斯一派与频率论者之间的争辩在 20 世纪后半段进行得最为激烈，双方都发表了详细的辩论文章，争辩一直持续到今天。

　　我可是亲眼见过统计学家——特别是比较老的那一代统计学家——激烈争辩的场面。在统计系的休息室里，当我置身于一个"混合"（既有贝叶斯一派又有频率论者）人群中时，我说话可是小心翼翼的，免得引发什么争端。但是，如果你发现自己和一大群统计学家待在一起，又想惹出点事来，那就问他们是贝叶斯一派还是频率论者。如果这群人中碰巧两方面的热心拥趸都有那么一些，你就坐到后面去等着看好戏开演吧。

如何拦截垃圾邮件

条件概率和贝叶斯一派的统计学适用于科学研究和生活中的许多不同领域，其中越来越重要的一项应用是拦截你不想看的商业电子邮件，即垃圾邮件。

垃圾邮件一词 spam 由"spiced ham"（美味火腿）衍化而来，原指荷美尔公司在 1937 年开发的一种肉罐头，是这家公司在 1927 年推出的"荷美尔原汁原味火腿"的后续产品。第二次世界大战期间，由于新鲜肉短缺，这种肉罐头被士兵和民众广泛食用，美国、加拿大、英国、俄罗斯等都是如此。据估计，全世界这种肉制品的消费量已逾 50 亿罐。

后来，1970 年代的英国喜剧团体巨蟒（Monty Python），对这种肉罐头的无处不在进行了一番嘲弄。他们编了一出著名的滑稽短剧，说一个饭店供应这样一些早点："美味火腿、香肠、美味火腿、美味火腿、熏猪肉、美味火腿、西红柿，还有美味火腿。"结果 spam 一词就成了任何过于充斥的事物的代称了。

在电子时代，我们每天都会收到并且删除很多商业性的群发电子邮件，它们是我们不想打开看却又不请自来的。因此用 spam 一词来称呼这些邮件似乎就是很自然的了。这些邮件想方设法劝我们购买某一产品、把钱汇出去、访问商业性的网站或其他能让邮件发送者获利的事情。

以前这些垃圾邮件倒也不多，有些甚至还让人觉得有趣，但现今这样的邮件实在是太多了，它们已经成为平日里惯用电子邮件者的一项沉重负担。确实，据估计，目前有超过 50% 的电子邮件都是垃圾邮件，许多人预计这一比例还会增加。挑出并删除所有那些垃圾邮件，同时又要小心别误删任何一封正当的电子邮件，全世界在这件事情上的花费已有数十亿美元之多——还不说它们给人们带来的巨大挫折感和烦恼。

现在，大多数人都已意识到垃圾邮件问题很严重，必须拦截它们，但如何着手呢？抵抗垃圾邮件的战争已在许多方面发起，从立法到技术再到个人习惯，但抵抗垃圾邮件最有希望的办法似乎还是要用概率论知识。

当被众多的垃圾邮件淹没时，每个人的第一反应是"抓住那些坏蛋！"如果警察能把发送垃圾邮件的人抓住并将他们关在监狱(不能上网)若干年,许多人会很高兴的。不幸的是,这件事做起来可没有听上去的那么简单。

"把发送垃圾邮件的人抓起来!"做这件事要遇到的一个问题是,人们对什么是垃圾邮件什么不是看法不完全一致。有时画一条界线很容易:妈妈发来的一封充满爱意的短柬不是垃圾邮件,平白无故让你去访问一个色情网站的邀请函是垃圾邮件。但是,比如说,当地五金店的琼斯先生发来的一封告诉大家本星期买锤子有折扣的电子邮件是不是垃圾邮件呢? 或者,你上个月在一家网店买了一件毛线衫,现在它给你发来一封电子邮件,告诉你这个月有一款更好的毛线衫上市,这是不是垃圾邮件呢? (再比如说,对于像我这样的教授,收到一封群发的告诉我即将要召开一个研究会议的电子邮件,但我并无兴趣参加,那它是不是垃圾邮件呢?)有时界限可能是很模糊的。

更基本的一个问题是大多数垃圾邮件发送者躲在暗处,从各种匿名的互联网账户发送垃圾邮件,而且还常常在不同的互联网服务供应商之间匆忙转换。如果用户直接向互联网服务供应商投诉,那也最多只能做到把有问题的计算机账户停掉,而垃圾邮件发送者可以很容易地再开一个账户。(甚至要搞清涉及哪一家互联网服务供应商也不是那么容易,因为垃圾邮件发送者常常在他们发送的邮件中伪造此信息。)此外,互联网的国际性意味着垃圾邮件的发送地可以是在任何一个国家,要想逮捕垃圾邮件发送者需要懂得并执行复杂的关于引渡及其他事务的国际条约。

立法人员已经拿起法律武器来对付垃圾邮件。在美国,纽约州参议员舒默(Chuck Schumer)及其他立法人员提出了一项"反垃圾邮件法案",于2004年1月1日生效。依据这项法案,对那些在虚假身份掩护下,利用多个计算机账户发送"大量商业性电子邮件信息"的人员,可判处长达5年的监禁。(显然,如此小心的措辞是为了允许政客们本身能继续利用群发的电子邮件来筹集政治捐款。)提出这项法案固然是迈出了很有希望的一步,但它可执行吗? 会显著地减少垃圾邮件的发送吗？许多人对此表示怀疑。

为什么有人会不遗余力地发送垃圾邮件呢？这一问题值得提出。他们中的一些人只是脾气古怪。另一些人是受骗了，所以会请发送垃圾邮件的公司替他们发送垃圾邮件，错误地以为由此可以轻快迅速地赚到钱。不过，大多数发送垃圾邮件的人是怀着发财的热望来做这件事的。

一般来说，每发送一百万封垃圾邮件，其中大概有 15 封会有人理会。比例是 0.0015%——无论怎么看这都是极小的百分比。那么，垃圾邮件的发送者又是怎么来赚钱的呢？

答案当然在于发送垃圾邮件的代价低得难以想象。确实如此，请一家公司替你发送垃圾邮件，当前的"市场价"大约是每一万封电子邮件付 1 美元——与发送纸质邮件的代价相比，实在是天壤之别。花上 100 美元，你就可以发送 100 万封电子邮件，其中约有 15 封会有人理会。即使这 15 封邮件中的每一封都只能让你赚到 10 美元，总共也能赚到 150 美元，净利润则是 50 美元。

当然，如果这些垃圾邮件都无人理会，邮件的回应率降到了零。这种情况下，发送垃圾邮件就无利可图，最终那些发送垃圾邮件的人就会罢手。所以，杜绝垃圾邮件最简单的办法就是，我们不要听信垃圾邮件去做任何买卖。坚决地说不！

不幸的是，虽然大多数人从不理会垃圾邮件，但似乎总有极少一部分电子邮件用户会听信垃圾邮件的话。所以单靠对垃圾邮件不予理会还不足以解决垃圾邮件问题。

那么，垃圾邮件发送者是如何获知你的电子邮件地址的？要是他们不知道你的电子邮件地址，也就不会打搅你了。所以避开垃圾邮件的另一种方法是尽量不要泄露自己的电子邮件地址。有些互联网服务供应商和网店实际上会把你的电子邮件地址卖给垃圾邮件发送者；显然，你如果知道这一点，就绝不应该与这样的公司做买卖（或者把自己的电子邮件地址提供给它们）。

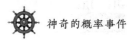

有些垃圾邮件发送者会去"猜"各种电子邮件地址,就是挑听上去很普通的名字,然后把邮件发过去。所以,最好给账户起一个很难猜到的名字。

此外,许多计算机病毒在成功地侵入了一台计算机之后,会自动地找到储存在这台计算机地址表中的所有电子邮件地址(并且把邮件发送到这些地址)。避免产生这一问题的唯一方法是谢绝任何电子邮件的通信者(或者至少不要与那些将会无意中让计算机病毒侵入计算机的人通信)。不过,这几乎是不可能做到的。

不过,大多数垃圾邮件发送者获得电子邮件地址是通过利用"垃圾邮件收割机"。这种计算机程序能自动搜索全世界的网站和网络目录,来寻找新的电子邮件地址。要挫败这样的收割机,唯一的方法是不要让自己的电子邮件地址出现在任何公开的网站上(也许留下一个镜像是可以的,因为计算机程序无法识别它们)。

不幸的是,避免让自己的电子邮件地址出现在任何一家网站,不进入任何一个目录以及任何一张商业性的表格中,同时断绝与那些可能会受到计算机病毒攻击的通信者的往来,这一切几乎是无法做到的。所以,将电子邮件地址保密的想法总的来看不错,却也不是解决日益严重的垃圾邮件问题的完美之路。

拦截垃圾邮件

如果我们既抓不到垃圾邮件发送者,也不能赶走他们,还躲不掉他们,那么我们还能做些什么呢? 近来,人们正着眼于利用计算机自身的力量来对付垃圾邮件发送者,就是采取技术手段把垃圾邮件拦截在你的电子邮箱之外。

讨厌的垃圾邮件先生

你正在家里休息,安享着片刻的宁静,突然门铃响了。你打开门,看到一个眼睛骨碌碌转的男人,他胡子油光光,系着小小的黑色领结,扛着一些大塑料圈。

"见到你很高兴啦。"他殷勤地说,"斯派姆是我的姓,呼啦圈是我卖的货品。

要个什么样的,先生? 我有粗的,细的,绿的,蓝的——"

"对不起,我不感兴趣。"你打断他的话,关上门,回到长沙发上。

一分钟后门开了,垃圾邮件先生把头探进来。"我想你还没有真的想过玩呼啦圈的所有好处。"他开口说道。

你愤怒地跳起来砰地把门关上并且锁好,至少他进不来了。

一分钟后门铃又响了,一声接一声,没完没了。沮丧之下,你把电路切断,让门铃变哑巴。呼! 松了一口气。

随即敲门声又传来。一开始还较轻,而后越来越重。啊! 你冲进地下室,找来一些旧垫子靠在你家的前门上,让敲门声不再透进来。你长舒了一口气,尽量让自己放松。

楼上的噪声是怎么回事? 该死的垃圾邮件先生居然从卧室的窗户爬进来了。"呼啦圈是释放压力的好帮手。"他继续说道,似乎前面的话没被打断过,"而且又有趣来又好玩!"

你怒火中烧,冲上楼把垃圾邮件先生推出去,推到阳台上,然后把家里所有的窗户都钉上厚木板。

而后你颓然地倒在地板上,被重重设防的家现在不透光,孤零零的。你又听到从屋顶上传来一声响,你意识到垃圾邮件先生正试图从阁楼爬进来,你更加沮丧了。

与此同时,你的好邻居从她的花园摘了一些花来要送给你。她站在你家的前门外,按门铃、敲门都没人应,她感到很扫兴。

从理论上来说,我们应该能利用计算机的力量拦截垃圾邮件。也就是当有一封新的电子邮件发来时,系统就能自动送它到一个计算机程序那儿,判断它是正当电子邮件(那就让它通过),还是垃圾邮件(那就把它删掉,或者把它返回给发送者,或者把它单独存放在一个专门的"垃圾邮件箱"以备日后查看)。确实,许多互联网服务供应商已经为他们的用户设立了这样的程序。但是这些程序到底是怎么工作的,成功的把握又有多大呢?

拦截垃圾邮件这一问题可以重新表述为一个分类问题:我们该如何去编写一个计算机程序,让它能够识别一封新来的电子邮件是否为垃圾邮件? 近年来,许多研究人员认真地考虑了这一问题,努力想找到好的解决办法。不可避免的是,新电子邮件也许并不是垃圾邮件(spam),而是火腿(ham)。所以,现在的问题变成,我们能否编写一个足够聪明的计算机程序(叫作"垃圾邮件过滤器"),能识别出哪些电子邮件是垃圾,哪些是火腿?

最初,我们尝试着先编写一个这样的程序,它通过扫描每一封电子邮件以发现有没有出现各种特殊的单词和样式,有的话就认定这封邮件为垃圾邮件。例如,有许多垃圾邮件是医药分销商发来的,想让你买伟哥这种药。(伟哥的生产厂家辉瑞制药有限公司,自然不必为这些邮件负什么责任。)啊哈,你开动脑筋了。要解决这一问题,我可以给我的计算机编程,让它自动拦截任何含有伟哥一词的电子邮件。胜利在握了。

然而,几个新的问题又产生了。一是计算机在鉴别电子邮件时,可能会犯"假阳性"的错误。这意味着有些完全正当的电子邮件可能会被误认为是垃圾邮件。例如,也许是某位同事给你发来一封很严肃很重要的电子邮件,只是在末尾附了这么一段话"迟复为歉。我得先删掉 7 封劝我买伟哥的垃圾邮件",或者加了一句玩笑话"如果这封电子邮件太让你心烦,那我要道歉了——不过它至少比伟哥广告要好吧",或者给了你一个忠告"把那本新的讲概率的书好好翻翻,它对含有伟哥一词的电子邮件讨论得很精彩"。不幸的是,你的垃圾邮件过滤器——只是一个计算机程序,因而不是很聪明——看到邮件中出现了伟哥一词,就自动地把这封邮件当成垃圾邮件。你将读不到同事发来的这封邮件了。

另一个问题是,垃圾邮件发送者会试图绕开拦截垃圾邮件的程序。例如,他们可能会将伟哥一词稍作改动。事实上,上个月我就收到过一些垃圾邮件,劝我购买这样一些产品,如伟点哥、伟壮哥、伟雄哥、伟星哥、伟阿哥、伟大哥、伟小哥、伟亮哥,甚至还有伟 < alt = adlkfrujv > 哥(HTML 格式的邮件阅读时不会显示出角括号里的字符)。明眼人一看就可以识别出这些拼法都是指伟哥,但拦截垃圾邮件的计算机程序可能就会错过它们了。更高明的垃圾邮件发送者甚至根本不提伟哥一词,他们也许只是将产品另起一个名字,再描述一番它的神奇效果,这样也能骗过你的计算机程序。

即使你能把替伟哥做广告的所有垃圾邮件都拦截掉,还有许多其他种类的垃圾邮件呢。你可以轻松地花上一整天,在计算机程序的列表中加上许多不同的单词和拼法,却还是要担心会出现假阳性的错误,让你读不到一些正常的电子邮件。

一切似乎都是相当无望。然而,概率论将又一次挽回局面。

垃圾邮件的概率

与费力地找出垃圾邮件中可能会出现的所有单词同时期望任何正常的电子邮件中都不会出现这些单词的拦截方法相比,另一种不同的新的做法是让计算机估计每一封新发来的电子邮件是垃圾邮件的概率。

垃圾邮件先生又来了

让邻居吃了个闭门羹,你感到很愧疚,另一方面你也渴望重新见到阳光,你决定尝试一种不同的做法。你把所有那些木板还有垫子都拿走,把门铃的线路重新接上。在长沙发边装了两个按钮,一个标着"垃圾",一个标着"火腿"。

几分钟后,门铃响了。你满以为是好邻居来了,所以朝标着"火腿"的按钮探过身去,想让门自动打开,请她进来。

"别这么急。"你定了定神。仍坐在长沙发上,你开始思索了。这位访客按了两次门铃,与上回垃圾邮件先生的做法正相符合。唔。

就在门铃响之前,你还听到一阵踢踏踢踏声,垃圾邮件先生在走上门廊台阶时，他的靴子发出的正是类似的声音。唔唔。

你又看到窗外一片影子，尽管模糊不清难以分别，却其中似乎嵌着一个大圆环，正与一个呼啦圈投射来的影子很像。唔唔唔。

把所有这些证据结合在一起，你盘算，有97%的概率这位访客就是讨厌的垃圾邮件先生。这一概率是非常高的。所以，你没有起身，只是按了一下标着"垃圾"的按钮。门廊下面立刻弹出一根巨大的弹簧，把这位访客猛地弹到了马路对面。

"呼。"你一边想，一边在长沙发上舒服地放松自己。

但是，你仍然感到一丝不安。"我当然期盼那不会是我的邻居！"

许多最新的垃圾邮件过滤程序都是通过自动估计发来的邮件是垃圾邮件的概率来运作的，至少部分是这样。如果估计的概率很大（比如，超过90%），那这封邮件就会被认为是垃圾邮件。

在最开始应用时，这些程序需要人工收集一大批垃圾邮件和正常邮件。它们先利用这两批邮件训练自己，其实就是统计每个词在垃圾邮件中出现了多少次，在正常邮件中又出现了多少次。例如，伟哥这个词也许在垃圾邮件中出现52次，而在正常邮件中只出现1次。计算机程序就会给伟哥这个词指定一个很高的垃圾邮件指数，比如98%上下。（准确的数字随程序的不同而有所变化。）

于是，如果伟哥这个词在一封电子邮件中出现了，计算机程序就会认定这封邮件有98%的概率是垃圾邮件。这是否就意味着任何含有伟哥一词的邮件必定是垃圾邮件呢？不。计算机程序还必须考虑在邮件中出现的所有其他词的情况。

假设除了伟哥一词以外，邮件中还出现了许多其他词，它们合乎你的工作环境以及（或者）使用电子邮件的习惯（就我而言，这些词比如"统计学""研究""讲座"；就我的一些学生而言，这些词也许就是"啤酒""邋遢摇滚"和"晚会"）。这些词在那批正常邮件中常常出现，在那批垃圾邮件中却出现得很少。它们的垃圾邮件指数因而就很低,比如在 1% 上下。

那么计算机又会做些什么呢?面对这样一封邮件,它里面出现了一些垃圾邮件指数很高的词(如"伟哥"),还出现了一些垃圾邮件指数很低的词(如"研究"),计算机就会把所有的指数综合起来,得到一个"总体的垃圾邮件指数",并指出总的来看,这封邮件是更像垃圾邮件还是更像正常邮件(有时它也被称为是这封邮件的"垃圾度"或者"垃圾得分数")。怎么综合呢?就是要计算条件概率,利用贝叶斯一派的统计学了。计算机先假定每封邮件是垃圾邮件或正常邮件的先验概率均为 50%,然后再应用条件概率知识去计算,在已知有某些词出现在这封邮件中的条件下,该邮件是垃圾邮件的概率(即垃圾度)。换句话说,一封邮件的垃圾度其实就是这封邮件为垃圾邮件的贝叶斯后验概率。

最后,垃圾度一经算出,计算机就必须决定把这封邮件归为垃圾邮件还是正常邮件。一般来说,这一步本身倒很容易。例如,如果垃圾度超过 90%,这封邮件就可被认为是垃圾邮件,否则就是正常邮件。〔当然,90% 的下限是可以调整的,比如调整到 80%(更冒险了)或者 95%(更稳妥了)。不过,下限设得越低,出现假阳性的危险也越大,这无论如何是要予以规避的。〕

当然,这一方法还有许多变化。而且,有些垃圾邮件过滤器,如 SpamAssassin,会把基于单词的概率计算与其他因素结合起来,比如去看这封邮件的各行是否为大写体(垃圾邮件发送者一向喜欢这种格式)。但是,从本质上来说,许多新的过滤垃圾邮件的计算机程序的设计都符合以上的描述。

垃圾邮件过滤器的效果如何?对基于概率计算的垃圾邮件过滤器来说,一切都取决于人工收集作为样品的那些垃圾邮件和正常邮件的典型程度。无论是训练程序还是为各种各样的关键词赋垃圾邮件指数值都要靠这些邮件。如果这些邮件足够多,就能够以速度的优势来弥补智慧的不足,计算机程序就可以发现人眼也许会错过的一些样式。

例如,格雷厄姆(Paul Graham)在他的那篇常常被引用的文章《对付垃圾邮件的计划》(*A Plan for Spam*)中写道,基于概率计算的垃圾邮件过滤器,不仅对一些很显眼的词——比如"改善""保证""性感的"——指定了很高的垃圾邮件指数,对某些不那么显眼的词也一样——比如"共和国"(源于所有那些要你汇钱到尼日利亚等遥远之处的垃圾邮件)、"女士"(源于所有那些"亲爱的先生或女士"之类的称呼语)、"每"(源于像"每10件6美元"之类的报价)。这当中也许最不显眼的是 ffoooo,它是"亮红色"一词的 HTML 编码。这一编码的垃圾邮件指数竟然也非常高,其原因是垃圾邮件发送者常常用此编码来着意突出他们的邮件。

因此,一个自动的基于概率计算的程序能发现人们可能想也想不到的样式。更妙的是,这全是自动完成的,不需要人去花一整天来细查每一封垃圾邮件中的每一个词。

这种程序的一项额外收获与通过电子邮件传播的计算机病毒有关。从过滤器的角度来看,这些带有病毒的电子邮件正像垃圾邮件,也可以移到你收集的那一批垃圾邮件中去。所以,你的垃圾邮件过滤器也能识别蕴含在计算机病毒中的样式,从而学会把病毒连同垃圾邮件一起拦截。

一旦你的垃圾邮件过滤器开始工作,它还能不断地学习。例如,要是过滤器把一封垃圾邮件放了进来,你可以自己把这封邮件移到你收集的那批垃圾邮件中,这样计算机程序就知道了有一种新的垃圾邮件。

久而久之,计算机就能看出,比如,伟阿哥也应该有很高的垃圾邮件指数(尽管计算机并不能理解伟阿哥与伟哥之间的联系)。幸运的话,计算机在识别哪些邮件是垃圾邮件哪些邮件是正常邮件一事上会做得越来越好。确实,格雷厄姆就宣称他替自己的电子邮件开发的一个过滤系统能识别出 99.5% 的垃圾邮件,假阳性的比例则少于 0.03%,这让人印象深刻。(我自己的垃圾邮件过滤器就没有这么成功,但也能过滤掉 80% 以上的垃圾邮件,这给我省下了大部分时间和精力。)

计算机能在新例子的基础上改善自己的工作,这种过程有时被称为"机器学习"或"人工智能",它们也与"贝叶斯网络"或"神经网络"有关。确实,这样的过程如今已得到了广泛的应用,从监测金融诈骗到依据军事传感器识别入侵的导弹,到提高互联网上搜索的效率,再到给个人计算机用户提供与上下文有关的帮助。不过,计算机并非真的能"学习",至少与你我的学习不是一回事。它们所能做的只是清点单词和样式,计算相关的概率。

谁的垃圾邮件

与垃圾邮件过滤器相伴的一个有趣问题是,那些垃圾邮件和正常邮件应由人们联合起来收集,还是每个用户独立地去收集他或她自己的邮件。

乍一看,这些邮件似乎应该共同去收集。所谓人人为我,我为人人。毕竟,你也像我一样希望拦截大多数含有伟哥一词的邮件。

但是,请稍等。假设你是一位专门研究繁殖生理学的生物医学工作者,对你来说,伟哥的效果也许能给你的研究提供重要的证据,因而,你的许多普通的电子邮件当中可能都会含有伟哥一词,不能把它们当成垃圾邮件过滤掉。

同样,我的电子邮件中常常会出现概率一词。如果发给我的一封电子邮件中出现了这个词,它很可能是正常邮件,是垃圾邮件的概率也许只有 1%。不过,在发给一位对概率论不大感兴趣的人的电子邮件中,概率一词出现得就不会那么多了。那倒不是说在发给他们的邮件中若出现了概率一词就一定是垃圾邮件,而是说,在发给他们的邮件中,有没有出现这个词对于判断这封邮件是不是垃圾邮件无关紧要。正所谓"甲之蜜糖乙之砒霜",一个人眼中的恐怖分子是另一个人眼中捍卫自由的战士,在某人看来的垃圾邮件却是另一个人的正常邮件。

有些现代的垃圾邮件过滤器(比如 Bogofilter),在设计上允许每一个用户去建立他或她自己的垃圾邮件和正常邮件收集箱,并且依据邮件接收者指定不同的垃圾邮件指数。其他一些垃圾邮件过滤器(比如 SpamAssassin)则不论对谁都采用相同的垃圾邮件指数。

每一种方法都有它的优点和缺点。但我注意到,利用自己收集的垃圾邮件信息可以在心理上给我带来很大的激励。当新垃圾邮件发来但通过了垃圾邮件过滤器,那我就会把它移到我收集的那批垃圾邮件中去,以提高我的垃圾邮件过滤器的能力。此刻,这封垃圾邮件给我带来的烦恼会被这种力量所代替。我几乎能听到自己以警察般的强硬语调对这封垃圾邮件说:"你已被认出是垃圾邮件。你所包含的所有信息都能用来并且必将用来对付你,我的垃圾邮件过滤器的能力会变得更强,能把你与你的同类都拦截掉"。

战争打响

垃圾邮件发送者与垃圾邮件过滤器正在进行一场残酷的战争,它直接关系到垃圾邮件的前途。如果垃圾邮件发送者得胜,越来越多的电子邮件将会是垃圾邮件,直到电子邮件变得几乎无法使用或者只限于用特殊口令在亲密的同伴之间发送。如果垃圾邮件过滤器得胜,几乎所有的垃圾邮件都将被拦截,电子邮件的发送效率会提高,垃圾邮件发送者将偃旗息鼓。这场史诗般战争的关键就是要看各种垃圾邮件过滤器算出的垃圾邮件指数。

为了给计算设置障碍,垃圾邮件发送者——除了越来越多地采用故意拼错的伎俩之外——也尝试在邮件中加入越来越多的正常词汇。事实上,上星期我就收到过一封垃圾邮件,开头以一种随机而又杂乱的方式列出了这样一些词汇:申请、炎热的、死亡、顽强。这些词汇与邮件推销的产品没有任何关系,它们是想欺骗我的垃圾邮件过滤器,把这封邮件当成正常邮件。

垃圾邮件发送者也在尽量避免使用那些经常会在垃圾邮件中出现的词汇。比如,相比于在邮件中请你去"买"他们的产品,他们会告诉你他们的产品有多"便宜",或者他们的模型有多"性感";现在,垃圾邮件发送者有时会平淡地说:"嗨,下面这个网站不错,去看看吧",再附上一个链接引导你去买他们的产品。大概很少有人会去搭理这些垃圾邮件,但垃圾邮件发送者仍试图以此来躲开垃圾邮件过滤器。

与此同时,垃圾邮件过滤器也在想尽各种办法反击。比如,收集越来越多的垃圾邮件供改进用,对发来的邮件做更仔细的语法分析(如将邮件开头的词与正文中的词汇分开来处理),越来越多地关注邮件中的特征(空行、不规范的标点符号、邮件开头的"来自:"一栏没有名字等)。最终,我怀疑它们得去考虑所有的词组了。例如,"唯一的机会"这一词组就比单单一个"唯一"或者"机会"听上去更能表明发来的邮件是垃圾邮件。这种考虑额外多了一层复杂性,有些垃圾邮件过滤器(如 Spamprobe)已经在试着克服这一困难了。

战争进行得如火如荼,哪一方会赢?现在下结论为时尚早。不过,理解这一战争至少能让我们更容易地认清为什么垃圾邮件会挥之不去。在我们最绝望之时,在我们一封一封无休无止地删除垃圾邮件之时,我们至少还能从这一事实中获得一些慰藉,就是这一战争离不开我们的老朋友概率论。

随机性产生的原因

随机性对我们生活中的许多不同方面都至关重要——从癌症和恐怖袭击这样的坏事，到有利可图的投资这样的好事，再到掷骰子、玩牌这样的乐事，但随机性又是从哪里来的呢？各个对象本身——骰子、股票市场、恐怖分子——实际上是随机性的吗？或者只是因为我们不了解而认为它们是随机性的？

大体而言，我们所经历的随机性源于我们自己的无知。如果我们有足够多的事实和洞察力，随机性就会消失，留给我们的就是确定性。如果我们能确切地知道骰子是怎么掷出去的，也就能知道它们会呈现几点。如果我们能摸透恐怖分子的心思，也就能知道他下一次准备袭击哪里。如果我们能看到所有投资者的计划书，也就能知道明天哪种股票的价格会上涨。

坐卧不安的饭店老板

你的饭店生意可谓是开局不利。头一个星期六，满怀热望的你雇了四个服务员和两个厨师，但是几乎没有顾客光临，白花了很多钱。第二个星期六，你有些灰心，只雇了一个服务员和一个厨师，结果人多得你都应付不过来。明天就是第三个星期六，现在你得决定雇几个人了。该怎么办呢？一切似乎都是那么随机。

毫无头绪之下，你出去散散步。一对年轻的夫妇正指着你的饭店，说："那个地方看上去挺好，明天带孩子们去吧。"在这条街的另一头，满车的观光客正在一家大宾馆办理入住手续，他们明天很有可能会到周边来逛一逛。在一根灯柱上，你看到一则告示，说明天美食俱乐部聚会——地点就在你的饭店。而后，你又在报纸上欣喜地看到你的饭店赢得了顾客的积极评价。

现在一切都不成问题了。几分钟以前，无知还使得饭店的前景看上去很不确定，很随机。但在得到这些新的信息后，相关的随机性就少得多了。你几乎可以肯定明天顾客满座。

你又高兴又自信，雇下了全班人马。第二天，饭店果然座无虚席，顾客们都

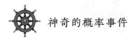

很满意,你也赚得盆满钵满。

源于混沌的随机性

如果随机性源于无知,那么无知又源于哪里呢? 有时答案是显而易见的。谁能说清城里所有的人打算去哪里吃饭,或者全世界的恐怖分子正暗中策划什么阴谋,或者孩子长大后会是什么样。有太多的因素太多的未知数摆在眼前,哪里顾得上去估算概率并分析随机性呢。

不过,在一些似乎毫无神秘可言的情境中也会产生随机性,比如掷一枚硬币。这是一枚标准的硬币,它就在你面前,你把它掷向空中,然后接住它。这里没有什么惊险,没有什么隐藏的事物,也没有什么搞鬼的敌人,什么意外都没有。我们,还有什么不知道的呢? 可是,当我们掷一枚硬币时,我们有把握确认的是,正面朝上与反面朝上的概率均为50%。

这当中的原因在于掷硬币是混沌系统的一例。就是说,掷硬币的手法有一个很小的变化——推出去用的力稍微大一点或者转动它用的力稍微小一点——对于最后的结果可能会有很大的影响,从而把正面朝上变成反面朝上。要想确切地知道硬币最后是正面朝上还是反面朝上,得极精准地知道推动它时用了多大的力,转动它时又用了多大的力。如果你有一个高级的激光测量系统,也许——只是也许——你就能准确地预知硬币最后是哪一面朝上。但是人的眼睛可没那么精准。我们只能大致看出推动那枚硬币用了多大的力,它飞得有多快,等等。但这些不足以让我们作出正确的预测。对于硬币,我们的无知尽管也许已经是够少的了,但它仍足以让最后的结果呈现出完全的随机性。

另一方面,假设你将一个球沿着地板向一面墙滚去。此种情境下,根据最初把球滚出去的角度,你能很肯定地说出球会在哪里碰到墙。如果将球的方向稍微改变一点点,碰撞点也只会改变一点点。所以沿地板滚球不是一个混沌系统,它很容易预测,而且少许的无知并不会导致很大的随机性。

物理系统可以大致地分成两类。一类是,它们有规律,毫不出人意外,总体上不那么敏感或者混沌不清,呈现出很少的随机性。这类系统包括:小到在地板上滚一个球,将一块石头从悬崖扔下,大到行星绕太阳的运行。另一类系统则很敏感,因而混沌不清,相应地也就不可预测,呈现出很大的随机性。这类系统包括掷硬币、扔骰子、洗牌、让台球在球桌上彼此反复碰撞并弹回。所以,下一次再玩扑克牌游戏时,你应该感谢混沌理论,因为对手不知道你拿到的是什么样的牌。

混沌不清的男朋友

八个月后,你觉得终于能认清你的男朋友了。在工作进展顺利的时候,在吃着牛排喝着进口啤酒的时候,在红袜队获胜的时候,他会很高兴。在工作遇到困难的时候,在让他吃鱼或喝牛奶的时候,在红袜队输球的时候,他会抱怨。这一切很是简单。

一天,你的男朋友完成了一份大合同。当晚,你买了一箱德国浓啤酒,做了一堆汉堡包,请他过来一起看比赛。红袜队赢了,8 比 1。你期盼着一个快乐、放松的夜晚。

然而,你的男朋友仍很不安。扬基队似乎今晚也赢了,所以红袜队还要为进入季后赛而做准备。这件小事完全改变了他的心情,从放松、高兴变成了生气、易怒。

你的男朋友无疑是一个混沌系统。

对于在计算机上用来模拟随机性的伪随机数序列来说,混沌理论也很重要。实际上,这些序列完全不是随机性的,而是基于冷漠的、实在的、可预测的方程发生出来的。不过,这些方程是如此的混沌——对于小小的变化极为敏感——以至于由它们发生的伪随机数会变来变去,不呈现任何明显的模式,故而似乎就是随机性的。没有混沌理论,就没有蒙特卡罗计算机模拟,也没有那些在计算机游戏中似乎随机出现的坏蛋。

我们的全部生活都被混沌所操纵,因为当下小小的变化就会对将来造成巨大的影响。这一特征在 1998 年的英国影片《滑动门》(*Sliding Doors*)中得到了很好的展示。片中由格温妮丝·帕特洛扮演的主角海伦匆忙地要去赶一趟地铁，却被一个小孩挡了路。影片展示了两种可能的现实情境。在第一种情境里，那个小孩迅速地挪到一边。结果海伦赶上了地铁，遇到一个同路人，回到家中时却发现自己的男朋友正在与别人私通。在第二种情境里，海伦被多耽搁了几秒钟而错过了地铁，后来地铁又停开，这让她一筹莫展，还遇上了抢劫，最后被送到医院里去了。这是两种完全不同的现实情境，哪一种成真仅依赖于在地铁站的楼梯上一个小孩被拨开得有多快这样一件小事。这就是混沌理论在起作用。（为了向浪漫妥协，在两种情境里，海伦最后都与同一个同路人相爱。唉，没有哪部影片是完美的。）

对于科幻作品中时光倒流的构想，混沌理论提供了一条强有力的驳斥证据。例如，在《星际迷航》原初的一集里，麦考伊回到 1930 年代，从车祸中救了一个女人，最后竟然导致纳粹在第二次世界大战中获胜，改变了历史，也抹杀了我们所知道的一切事实。所幸，科克船长也跟随麦考伊回去了，他把事情定格住，本来该死去的那个女人也就死了，而一切事情也就回复到了先前的轨道上。这里的问题是，在他们的冒险行动中，科克和麦考伊与许多人打过交道，他们租了一套公寓，打工赚钱，交朋友，占用空间，导致别人改变他们的计划，诸如此类。（麦考伊甚至在无意中还导致一个无家可归的人丧命。）正与《滑动门》中的那个例子一样，这些小小的相互作用中的任何一项都可能会对其后的事情产生巨大的影响。既然在 1930 年代就已经发生了这么多小小的变化，而这个世界竟能几乎完全照旧——且不说一模一样——岂不是怪事吗？

在影片《回到未来》(Back to the Future) 中，马丁返回昔日时光，帮父亲重新赢得了母亲的心。在此过程中，父亲收获了额外的自信。于是，这个家庭现在变得比以前更有希望更为成功。在影片《生活多美好》(It's a wonderful Life) 中，当乔治感叹自己不该出生时，他的守护天使则向他展示，如果没有他，他的家庭以及同伴的生活将会多么不同(实际上是会更糟)。在布雷德伯里的小说《一声惊雷》(*A Sound of Thunder*)中,一位捕杀恐龙的猎手穿越六千万年的时光回到了过去,不巧踩死了一只蝴蝶。这只蝴蝶本该有的后代——数十亿计——全都被抹杀了,由此导致其他动物食物短缺等。这一切发生之后,对现代社会又带来了什么样的改变呢? 一个不同的人当选为美国总统了! 所以,在这些故事中,过去的变化对当下确实有(不小的)影响。然而,假如这样的时光旅行是可能的,那么这些影响比起混沌理论所预测的可是要小得多。(我很欣赏时光旅行的故事,但我不能完全摒弃我的不信,那全是混沌理论的缘故。)

天气预报的是是非非

一个最富于戏剧性的混沌系统的例子当属天气了。天气预报对于概率学者们来说可是令人窘迫的一件事。几乎每个人都收听天气预报,那里面充满了概率、百分比还有卫星图像,几乎每一个人也都能体会到有时候那些天气预报是错的。如果说气象学家是概率的使者,那么概率学家没有他们这些使者常常也能活得很好。

造成这一悲剧有许多因素。一个是认识上的偏见:比起正确的预报,人们对于错误的预报要关注得多,留下的印象也要深刻得多。实际上,天气预报人员所作出的预报正确的要远远多于错误的,人们对此却很少表达感激之情。而且事实在于,即使用上我们所有的现代化的计算机模拟技术,还有卫星跟踪以及全世界的网络,人们也无法对明天的天气作出完美的预报,至于对超过一个星期以后的天气作出预报那更是完全无能为力的了。

这其中的原因是,正如掷硬币与玩牌,天气乃是一种混沌系统;今天很小的变化可能导致明天的巨大差异。我们都听到过"蝴蝶效应",2004 年好莱坞一部同名影片以此为基础。这个效应最早是美国气象学家洛伦兹(Edward Lorentz)提出的,说的是巴西的一只蝴蝶扇动一下翅膀,其结果可能导致几天后在得克萨斯州刮起了一场龙卷风。尽管有人宣称这个故事太夸张了,但它却展示了这样

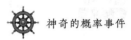

一个事实：天气是由超乎想象的许许多多空气分子、小水珠以及其他因素经过许多次相互反应和碰撞而形成的结果。即使用上现代化的计算机，也完全不可能去跟踪所有这些因素的活动。那些碰撞并不遵循什么简单的模式，而且它们还以高度不可预测的方式引发进一步的碰撞，以及其后更进一步的碰撞。因此，当下天气条件的轻微变化是能够导致以后几天天气的巨大变化的。所以，即使我们的探测设备极为准确，细微的错误或者误判却能使随后作出的天气预报变得很不准确。这一混沌的后果是，准确地作出天气预报对于我们目前的科学和技术来说还是一个很难攻克的课题。

甚至我们也很难对天气预报作出评价。如果一个天气预报员说明天有30%的可能性下雨，而明天下雨了，那意味着他出错了吗？或者对了30%？或者别的什么？最公正的评价方法是采用布莱尔得分：如果明天不下雨，对这个天气预报员处以30%乘以30%也就是9%的罚分；如果明天下雨，对他处以70%乘以70%也就是49%的罚分。天气预报员平均的布莱尔罚分介于15%—20%之间。这不算太坏，但也说不上很好。比如，一个天气预报员如果每天作出的预报都是有50%的概率下雨（不管真正的天气如何），那他得到的布莱尔罚分就是25%，只是稍微差了一些。实际上，大多数的天气预报部门并不公开他们以前的预报情况，所以公众不容易去追踪他们预报的准确程度（或者不会去追踪）。总之，世界上所有的评价只会证实我们已经知道的一件事：天气预报是一门很难的学问，它常常是对的，但也常常会出错。

所以，下一次你坐在汽车里，外面大雨倾盆，而收音机正向你保证降水的概率是零（是的，我就遇到过这样的事）时，请你尽量不要生气。尽量不要咒骂。尤其不要指责那些概率学者。这不是我们的过错——该指责的是混沌！

随机性是当然的？

传统科学的一个核心观念是随机性完全由无知造成。从 17 世纪牛顿时代开始,物理学就被简单的数学规则所统治,这些规则基本上能准确地告诉我们接下来将会发生什么。例如,知道一个棒球目前的位置和速度,这些规则就能准确地预测它会飞多远,会落在哪里。同样的规则还能提前几天、几个月甚至几年预测火星、金星的运转。

即使对于像天气这样极为敏感且很难预测的混沌系统,经典物理学却告诉我们,如果我们能测量每一个空气分子和水分子确切的位置及速度,而且有无数多台计算机可供我们使用,且不限制运行时间,那么原则上我们也能完美地对天气作出预测。这样的预测也许远远超出了我们目前的技术水平,但从理论上来看,它们与预测飞翔的棒球以及运转的行星一样,只是更为复杂罢了。一个经典物理学家的信条可以概括为:"如果我们知道一切条件,那么原则上我们就能准确地预测未来。"

然而,量子力学改变了这一切。根据量子力学,在最基本的层面上,宇宙运行的基础不是什么不变的科学的确定性,而是概率和不确定性。量子力学是20世纪早期发展起来的,参与其中的物理学家有玻恩(Max Born)、海森伯(Werner Heisenberg)、玻尔(Niels Bohr)以及薛定谔(Erwin Schrodinger)。这一理论指出,物理学不再能准确地预测将来会发生什么,所能确定的只是各种结果出现的概率;这真是不可思议!例如,围绕原子核运动的一个电子可能会处在好几种不同的能量状态,处在哪一能量状态各有确定的概率。

量子力学中的概率由一个特定的公式——薛定谔波动方程——给出,这一公式可以用于准确的科学计算。但不管算得有多仔细,不管拥有多少台计算机,不管对电子(以及宇宙的其余部分,有必要的话)目前状态的测量得有多精确,你仍不能确切地预知接下来将会发生什么——而只能预知各种概率。

量子力学甚至还走得更远。它提供了一个数学公式——海森伯不确定性原理,表明了不确定性的程度有多大。依据这一原理,不管你对一个系统的测量做得有多好,不管我们的技术有多先进,在你观察或者预测的任何事件中总存在着最低限度的不确定性和随机性。最令人气恼的是,这个原理认为无知不该受到责备。即使你能再去做一个完全一样的实验,用到的材料完全一样,条件也完全一样,自然界所固有的随机性也可能导致出现完全不同的结果。

这些思想极大地撼动了科学的根基。几百年以来,科学家们一直缓慢但坚定地致力于越来越准确地去理解并预测宇宙。我们曾经,只能猜测声音传播得有多快或者下一次日食会在什么时候发生,但后来的科学就能极准确地算出这些未知量。但是,量子力学似乎踩了一下刹车,宣称追求准确性的科学过早走到了一个不尽如人意的尽头。

在最基本的层面上,大自然本身竟然是随机性的,这一思想与我们的常识完全不符。我们习惯于见到大而简单的物体——比如球滚过地板——遵循清晰的运动模式,即在滚出去的方向上继续前行,然后碰到墙,毫不奇怪地反弹回来。这其中没有任何的随机性可言。

但是,量子力学告诉我们,这仅仅是因为大数定律的缘故。大数定律说,一个球由多得数不胜数的分子构成,它们中的每一个都在随机地运动,可是它们作为一个整体却完全是可以预测的。所以,大自然的随机性在我们能看到和能体验到的对象上显现不出来,它只有对小得难以想象的原子和分子这样的粒子才会显示出这个基本属性(量子力学对某些特定的大范围的天文现象也很重要,包括黑洞的形成。)

即使自然界的随机性基本上是限制在小得难以想象的粒子身上,问题仍然存在——这样的随机性又是怎样产生的呢?例如,根据量子力学,假设一个电子处于低能态的概率是2/3,处于高能态的概率是1/3。那就意味着如果你用极先进的技术来测量这个电子的运动,就会发现它有2/3的概率是处于前一种状态,有1/3的概率是处于后一种状态。但又是谁决定它处于什么状态的呢?难道有一个无所不能的存在,它盯着每一个电子,掷硬币、扔骰子,以一定的概率来作出各种选择？难道这种选择是由魔力控制的？

　　对于这些问题,诚实的回答是我们不知道,尽管量子力学的应用已有将近一个世纪。确实,量子力学的结论如今已在许多现代技术中得到了应用,从微波炉到计算机用晶体管,再到听上去很有未来感的"量子计算机"（这种计算机实际上是应用量子力学的规则来做更快的计算）。不过,量子力学到底是怎样起作用的,其中的机理仍很神秘。

　　由普林斯顿的研究生埃弗里特(Hugh Everett)首先提出的多世界理论认为,每次量子力学去做涉及随机性的决定——例如电子究竟是处于低能态还是高能态——时,它实际上这两种选择都接受,由此创造出两个不同的宇宙,各包容两种可能的结果中的一种。按照这一理论,与其说电子有 2/3 的概率处于低能态,还不如说你会有 2/3 的概率置身于与低能态对应的那个宇宙。自然界实际上不是去选择两种可能结果中的一种,它两种都选,但在两个不同的宇宙里。由于其他的宇宙科学上探测不到,这一理论现在既不能证明是对的也不能证明是错的。不过,它并没有真的解决是由谁来决定出现哪个结果的问题——或是你最终会置身于多重宇宙中的哪一个的问题。

　　量子力学内在的随机性与经典科学如此相互抵触,甚至许多伟大的科学家也不接受它。爱因斯坦——他本人对革命性的新思想来说可不陌生,此前曾提出过相对论,革新了我们对于时间、空间和重力的理解——就对自然界是否真是随机性的有不同的意见。在 1926 年寄给玻恩的一封信里,爱因斯坦写下了这么一句著名的话:"我深信［上帝］绝不掷骰子。"爱因斯坦（本人不信仰宗教）是在表明,自然的规律必须用精确的决定论数学来描述,不会给予选择性、不确定性或随机性留下余地。这些规律也许很复杂,我们可能永远也无法完全理解,但它们中不应该掺有概率或者其他未知因素。尽管爱因斯坦的确也同意量子理论中的许多结果（实际上,他在 1905 年对光电效应作出的解释从某些方面来看正是标志着量子力学的诞生）,但他从不认可其内在的随机性——掷骰子般的思想。

234

令人气恼的评分者

当看到自己写的关于莎士比亚的文章才得到一个 C, 你很失望。与此同时, 你最好的朋友埃米写了一篇类似的文章交给同一个老师, 却得到了 B + 。怎么会这样? 为什么雷恩女士给埃米的评分比给你的要高?

绝望中, 你雇了侦探夏恩去搞个明白。夏恩悄悄地跟着雷恩女士回家, 天黑后从她的窗户外向里窥视, 正好看到她给另一批作文评分。而后他回来向你汇报。

夏恩报告了他所看到的情况。在扫视了每篇文章之后, 雷恩女士拿起一个六面的骰子, 在咖啡桌上掷了起来。每出现一个结果, 她就用一根大红笔在作文上写下一个评分, 然后把它放在一边。雷恩女士对所有文章都采用同样的这一套做法, 因此她评得飞快。

你的眼泪慢慢地流了下来。你很震惊, 觉得被伤害被欺骗了。不会是这样, 你坚持认为。夏恩肯定弄错了。你大声哭起来。雷恩女士是不会用掷骰子来评分的!

爱因斯坦关于上帝不掷骰子的言论成了反对给量子力学以哲学支持的那些人的战斗口号。他们坚持认为, 在物理粒子身上一定有一些"隐变量"——这些微妙的指令能告诉自然该做何种选择。他们承认, 也许这些微妙的指令尚未被发现, 但总有一天会被发现, 到那时对自然界的选择就可以作出解释了。量子力学的概率与其他一切不确定性一样, 源于我们的无知——这也正是我们对于那些看不见的隐藏着的微妙指令的无知。

在 1927 年召开的一次会议上, 玻尔声称, 爱因斯坦不应该告诉上帝该做什么。争论继续着, 双方都热情高涨。爱尔兰物理学家贝尔 (John Bell) 在 1960 年代中期提出了一种解决方案。贝尔证明了一个数学定理, 它表明实验所观察到的基本粒子的性质与这种定域隐变量——就是告诉自然界该作何种选择的微妙指令——并不一致。但是贝尔的定理并未排除存在非定域隐变量的可能性——

就是说自然界做选择并非基于随机性,而是基于宇宙中遥远处的某些其他物体的明确的规则——不过,这样的解释似乎比真正的随机性更加与直觉相悖。

结合各种物理实验,贝尔的研究已经使大多数物理学家相信,量子力学的随机性一定是真实的,并没有什么隐藏的指令,但争论仍在继续,一些科学家仍希望找到一种关于自然界的行为并非是随机性的解释。然而就大体而言,科学家已经承认,无论如何,自然界的确是利用随机性来作出基本选择的。

在一个真实的随机宇宙中生活

作为一个科学家,我与任何人一样对于量子力学的随机性感到不舒服。但作为一个概率学者,我又觉得这太好了。毕竟,量子力学表明了,概率论并非只能用来衡量我们无知水平的高低,它还是大自然的基本法则。这就让理解概率和不确定性变得比以前更为重要。

量子力学的随机性还有一些更实际的好处。例如,无论是计算机游戏还是蒙特卡罗实验,计算机程序员需要用到随机数,但他们通常只能得到伪随机数,仅能模拟随机性。而量子力学却能让我们得到真正的随机数,它们直接来自大自然本身的随机选择。事实上,有很多网站(如 HotBits)在免费提供真正的随机数序列,它们是由探测量子力学辐射现象的盖革计数器收集到的。

在计算机模拟中,这样真正随机数序列的使用还不普遍,因为它们的产生速度太慢了,而且数字的概率也不总是很清楚。然而,这样的序列确实可作为伪随机数的一种令人兴奋的替代物。它们还提供了与真正的无可争辩的随机性的一种联系,这种随机性明显地是大自然内禀工作的一个基本部分。

你有概率视角吗

现在,既然你已经是概率视角方面的专家了,那就来参加最后的一场测验吧。

1. 你和朋友德夫打网球。你知道他的水平没有你高。然而,今天一切都乱了套:你在一个水坑里滑倒了,有几个你打得最好的球却超过底线就那么几厘米,有两回他反手击球还能过网,太阳正好照在你脸上,你的头又痛了。你该如何选择:(a)用毛巾捂住脸,再也不打网球了。(b)陷于绝望,感到中了魔咒,余生将厄运连连。(c)设法让德夫出一次"事故",这是你能打败他的唯一办法。(d)向德夫建议另选 10 天,再打 10 场球,因为长远来看,"运气的成分"会互相抵消。

2. 你们夫妇两人在外面吃饭。丈夫夸口说他能分清喝的饮料是可口可乐还是百事可乐,并且果真正确地分辨出正在喝的是百事可乐。你是:(a)相信他确实能分清可口可乐和百事可乐。(b)钦佩他有那么敏锐的味觉。(c)建议他去当一个职业品酒师。(d)倒上 5 杯可口可乐和 5 杯百事可乐,然后把杯子顺序打乱,看他能否正确地把它们都分辨出来。如果能,由于 p 值(他全凭运气做到这一点的概率)小于 5%,你最终还是相信他有特殊的味觉。

3. 保险公司的一位推销员提出要替你的四弦琴承保。他告诉你他们公司的保险条例是很慷慨的,买他们保险的顾客总能获利。你是:(a)赶紧买上一份,免得他变卦。(b)给他一个拥抱,因为他这么大方。(c)仔细考虑一番,然后决定还是应该买,因为买了保险更放心。(d)发现这家公司收入颇丰,由此推断它赚到的钱肯定比付出的要多,并且认清只有当四弦琴的丢失会让你在经济上陷入窘境时,你才应该去买这份保险。

4. 你因交友不慎而惹上了麻烦,歹徒头目已经发布了惩罚令。"从今天开始一年以内,我会掷出 10 枚骰子。如果它们中有一枚显示出的不是 5,我们就放过你。否则,我们会找到你,把你撕成碎片。"你是:(a)在接下去的一年里整天哭泣、发抖,对未来不再抱有希望。(b)现在就自杀,反正死是免不了的,往后

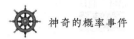

拖也没啥意思。(c)报名参加空间探测计划,希望能到火星上去躲躲。(d)意识到 10 枚骰子都出现 5 的概率等于一个分数,分子是 1,分母是 10 个 6 乘在一起,这比六千万分之一还要小,所以你实际上没有什么好担心的。

5. 你正参加一个晚会,人很多,你一手端着一盘食物,一手端着一杯红葡萄酒。这时,一位友好的商人向你致意并要和你握手。你唯一能做的就是先把酒杯稳稳地放在附近的一个窗台上,你估计它摔下来的概率只有 5%。你是:(a)走上前去,把酒杯放好,对于有 95% 的把握它不会摔下来感到很满意。(b)抱着一种侥幸心理,让酒杯在窗台上放上一个小时。(c)特别再去查看了一下,然后勇敢地宣布:"我的宝贝是绝不会摔下来的!"(d)注意到地毯是白色的,所以如果你的葡萄酒溅在上面,相应的负效应值会极小,故而即使此事发生的概率只有 5%,也足以抵消与那位商人握手会给你带来的些许愉悦。你决定还是继续举着杯子,笑笑算了。

6. 政治家斯赖先生号召大家支持他,因为只有他才能解决近来频频发生的水槽堵塞事件。你是:(a)早早地并经常地投票给斯赖先生。(b)捐献数千美元给斯赖先生供竞选用。(c)有生之年将致力于抨击水槽污物的危害。(d)要求先看看正式的表格,上面记录了你所在社区的各个水槽的年堵塞率,然后再判断这样的事情是否真的越来越多。

7. 你买了一件颜色鲜艳的新夹克并且穿上它去亮相。这一天你见到了很多同事和朋友。他们中有 3 人称赞你的新夹克看上去很漂亮。你是:(a)为自己独具慧眼而得意。(b)再去买几件类似的夹克。(c)投身服装行业当一名经理。(d)推断人们通常不会把不中听的意见说出口,所以那 3 位的赞扬是抽样偏见。没准其他一些见过你的人心里不知会想那件夹克有多难看呢。

8. 你的丈夫说他 6 点回来吃晚饭,可是现在已经快 6 点半了。他在哪儿呢? 你是:(a)报警,让他们发布有人失踪的告示。(b)召集一些朋友,静静地缅怀他的一生和美好品德。(c)认定你的丈夫已被谋杀,组织一个民防团千方百计为他报仇。(d)意识到最有可能的解释是他遭遇塞车了,你先看会儿电视,把饭菜热着。

9. 你在玩扑克牌,认定只有随后拿到的牌是黑桃 A 你才会赢。你是:(a)闭上眼,跺跺脚,默想 3 遍:"黑桃 A,来吧!"(b)吼叫,瞪眼,摆弄牛仔帽,喷着烟圈,威胁黑桃 A 赶紧来。(c)列出一张表格,上面全是好莱坞的影片,它们的主角在最需要黑桃 A 的时候真的得到了黑桃 A。(d)意识到你没有看见的每一张牌在下一次正好发给你的概率都是相等的(所以下一次你正好发到某一张特定的牌的概率很小),你还是罢手吧,免得输个精光。

10. 晚上 7 点有一个宴会,你是东道主。你得配制一种特殊的奶油酱汁,整个过程要花 7 分钟,配好后还要立即端上桌供客人使用。你是:(a)算准在 6 点 53 分开始配制这种酱汁。(b)郑重表示,无论如何要到 7 点你才开始配制这种酱汁。(c)情愿剖腹自杀,如果有哪位客人的酱汁配得不够好的话。(d)想到客人来的时间有很大的误差幅度,所以最好还是拖延一下,先上开胃小菜,等等那些晚来的人,要大家都来了,才开始配制那种酱汁。

11. 你拿起一串葡萄开始吃了。大多数的葡萄味道都不错,但也有那么几颗味道是酸的,很不合口味。另一方面,甜葡萄中偶然夹了一颗酸葡萄,吃起来并不是那么糟糕。你是:(a)希望你的这串葡萄中没有一颗是酸的。(b)把整串葡萄都扔掉,因为想起可能会吃到一颗酸葡萄就让你觉得不能忍受。(c)慢慢地一颗接一颗地吃着,发誓如果吃到一颗酸葡萄,你也会"像个男子汉那样吃下去"。(d)一次吃 3 颗葡萄,因为你推想即使当中有一颗是酸的,吃起来会让你稍感不适,但与你一下吃到 3 颗甜葡萄会给你带来的巨大愉悦相比,还是不足道的。

12. 一年内,汽车的价格上涨了 8%,巧克力蛋糕的价格也上涨了 8%。你是:(a)感到震惊,因为这些价格是如此密切相关。(b)开展一项调查,想弄清汽车业与蛋糕业暗地里的联系。(c)推测汽车实际上是由蛋糕做成的。(d)想到

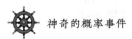

相关性并不意味着因果关系,实际上这两种价格的上涨都是由通货膨胀造成的,它们彼此之间并没有因果关系。

13. 一项互惠基金广告说,3 年前它们在股票市场上的投资获得了巨额收益。你是:(a)赞扬这项基金的经理是金融业的天才。(b)立即将你一生的积蓄都投入这项基金。(c)伸手在沙发的坐垫之间摸一摸,凑足额外的一些零钱来投资。(d)想到单单一年的收益可能是纯由运气带来的,你要再看看这项基金在近几年里的运作情况,以便对它的真正潜力有一个更准确的了解。

14. 你去看了一位自称能通灵的家伙的一场表演。他说他感觉到了一种超自然的联系,并问坐在第一楼厅的观众中,有没有人最近与名字以"杰"开头的熟人争吵过。一位中年妇女把手举了起来,她很惊讶地承认道,就在上一星期,她与她儿子杰罗姆狠狠吵了一架。你是:(a)对这位通灵人不可思议的能力大感惊异。(b)去把他所有的书都买来。(c)聘请这位通灵人来帮你解开你灰暗人生中的所有矛盾和困惑。(d)想到坐在第一楼厅的观众有好几百,每位观众又都认识很多人,以"杰"开头的名字也很普遍,而且吵架也是人之癖好,所以这位通灵人的预测恰好说准了也完全不是什么奇事。这只是运气罢了,证明不了什么。

15. 在婚礼前的 4 个月,你给亲疏不同的亲戚朋友发去了总共 300 份请帖。你猜想大概有 150—200 人会接受邀请。头一个星期过去了,你收到 27 份回复,都表示要来参加婚礼。你是:(a)感到自豪,因为你那么有吸引力。(b)推测收到请帖的 300 人都会来,你得预订一个比较大的厅堂。(c)预计会有一大群崇拜者等在外面,想在仪式结束后你离开时看上你一眼。(d)意识到此刻回复的人大多住在附近,因此会来参加婚礼的概率比较大,以这些人来做样本是有偏差的。随着更多的住在较远地方的人发来回复,会参加婚礼的人的百分比肯定要下降。

你可能已经发现了,每一题的正确答案都是 d。(注意:我在大学里出的试卷可没这么简单。)只有 d 真正理解了概率论的基本原理和方法。

如果每一题你都选了 d,那么我的朋友,你现在已经具备有关的知识和能力了。你已经拥有概率的视角了。好好利用它吧。利用它更深入地理解这个世界,用它消除恐惧,获得快乐并作出更好的决定。

概率的视角决不能替代其他批判性的思维技巧和做决定的方法——比如利用直觉、同情、决心、荣誉感以及简单的常识等。但它能提供给你一种工具,以便你更好地理解这个世界的随机性以及自己在其中的位置。

致　谢

许多人为本书的出版都付出了努力，向他们表示感谢。

在我还是孩子时，家人就培养我在概率和数学方面的兴趣，包括我的父母海伦（Helen）和彼特（Peter），我的兄弟艾伦（Alan）和迈克尔（Michael），还有我的祖父母、叔叔婶婶以及堂表兄弟姐妹。后来，我的知识得到了很大的发展，这要感谢我在沃本高级中学、多伦多大学以及哈佛大学遇到的优秀的数学教师，包括我的博士生导师迪亚科尼斯（Persi Diaconis）和研究伙伴们，特别是加雷思·罗伯茨（Gareth Roberts），还有许多支持我的同事，包括系主任法贝斯（Gene Fabes）、伊文斯（Mike Evans）、瑞德（Nancy Reid）以及奈特（Keith Knight）。此外，还要感谢我的研究生和大学生们，他们多年来与我互相促进。

与媒体的几次访谈 [包括《环球邮报》（*Globe and Mail*）的坎贝尔（Murray Campbell）、环球电视台的莱斯莉·罗伯茨（Leslie Roberts）以及安大略电视台的依多（Mary Ito）]，以及我对多伦多大学的两个校友团体作的讲演引起的反响，激发了我与公众交流的兴趣。此外，幸运的是，我妻子的很多亲友是作家、记者、编辑和电视节目制作人，他们的视角及洞察力对我极有帮助。我尤其要感谢我妻子的继母西尔曼（Geraldine Shermann），她是一名记者，给予我慷慨的帮助和持续的鼓励；没有她，这本书是永远写不出来的。

感谢我的编辑杰福德（Jim Gifford），经纪人斯罗本（Beverley Slopen），以及汉森（Kevin Hanson）、简森（Akka Janssen）、图霍尔密（Iris Tupholme）、肯特（David Kent）、寇茨（Ian Coutts）、支彻（Noelle Zitzer）、霍洛韦（Anne Holloway）和尼科尔（Roy Nicol），他们很早就对本书抱有信心，从最初的概念开始就给我提供了许多宝贵的帮助和意见。

在技术的层面，我要感谢资源开放的计算机界，他们让我随意使用像 GNU/Linux 操作系统、C 编程语言、R 统计分析包以及 TeX 数学编辑系统这样强有力和可靠的软件。我还要感谢图书馆的工作人员、统计机构的职员以及一些统计部门，他们帮我找到了各种各样的统计数据。

最最重要的是，我还要感谢我出色的妻子玛格丽特（Margaret Fulford），她在情感、实际生活、技术、智力以及编辑等方面给予我巨大支持，使我获益多多。我将这本书献给她。没有她，就没有我现在的成就和幸福。

后记（一）

"个体在变，但百分比保持恒定。统计学家如是说。"

——柯南道尔爵士（1859—1930），福尔摩斯探案故事的作者

当本书最初出版时，我真不知道会有什么样的结果。虽然我写过教科书，也写过给数学家和统计学家看的研究论文，但并没有写过面向普通大众的书。人们会去看吗？他们会喜欢吗？它能帮人们建立概率的视角吗？或者我的书终究只是出版界的一抹浮云？写一本面向普通读者的书会对我的学术生涯带来怎样的影响呢？

但是，现在我欣喜地发现，本书获得了巨大的成功，它被重印了许多次，登上过畅销书榜单，在9个国家以6种语言出版，并引起了评论界热烈的反响。这本书想要传达的信息——概率和不确定性是我们生活中不可回避的重要部分，对于它们的内在机理有一个基本的了解就能让我们受益良多——似乎已经顺利传达了。

本书博得了许多媒体的关注：仅在本书出版后的头4个月，我就接受了广播电台的39次采访、电视台的13次采访、报纸杂志的4次采访，更不用说现场直播的读书会以及其他活动。我和各种各样的人，在各种时段，都讨论过概率和不确定性：从简单的介绍到深入的采访，从允许公众打电话参与的表演到互动的科

学幽默讽刺短剧,从清晨的娱乐节目到深夜的讲座,有热情的听众、观众,也有向我发难的盘根究底者。

被公众瞩目于我可是一场大变化。此前十年,作为一名教授,我做的事情就是潜下心研究,尽本分教书。我的职业限定我接触的主要是少数几个研究马尔科夫链蒙特卡罗算法的专家和一些烦躁不安的大学生——而他们大多数时候似乎只是想质问我为什么给的分数那么低(幸运的是,也有一些大学生对我礼赞有加)。

本书出版后,远近的读者写给我的电子邮件如雪片般飞来,褒扬啦、提问啦、反对啦、谈感想啦、讲趣事啦,说什么的都有。我还收到了许多访谈邀请。有些经年未见的朋友甚至告诉我,他们在杂志上或电视上看到了我。这真是一段饶有趣味又令人兴奋的经历。

被外部世界所关注也转而使得我所在的大学以一种新的方式来看待我了。我已从一位无名的统计学家摇身一变成了合乎时宜的发言人,我被请去出席了大学里的许多活动。我甚至还受邀去一个委员会发表演讲,委员会的主席就是多伦多大学的校长(我在那儿开玩笑地说,如果我讲得不好,可能会被解雇)。

当然,这种短暂的出名很快就会过去,我将回到以前的那个由专家及对我没好声好气的学生组成的圈子。但准确地说,我会回到什么样的角色呢?那些对普及学术性知识的尝试始终抱有怀疑态度的学者,会不会觉得我的这本书浅薄无聊,占据了我太多的本应用来搞研究的时间,因而降低了我在专业上的成就?幸运的是,持这种想法的人倒是一声未吭。实际上,有多得令人吃惊的统计学家对我试图与更广泛的公众交流的努力表达了欣赏之情。

最近,我被数学研究中心及加拿大统计学会授予了 2006 年 CRM-SSC 统计学奖,以表彰我"在拿到博士学位后的头 15 年,作为一名统计科学家,在专业研究领域取得的成就"。这个颁奖词还正面提到了我的这本书,说它"以一种轻松的方式让普通的读者也能了解统计和概率的知识"。所以,本书也许根本不会给我的学术生涯带来伤害。

后记（二）

"一丁点儿的概率就能比得上一大堆也许。"

——瑟伯（James Thurber，1894—1961），美国幽默家

"生活是概率的大学校。"

——白哲特（Walter Bagehot，1826—1877），英国作家

"非常肯定的一条真理是，当我们没有能力确定怎样做才对时，那我们应按最有可能是对的去做。"

——笛卡儿（René Descartes，1596—1650），法国哲学家和数学家

本书出版以来，概率世界仍一直在全速地向前发展，以下是一些最新情况。

彩票和飞机

2005 年 10 月 26 日，人们对于彩票的兴趣勃然而生。因为在这一天，加拿大一种全国性彩票乐透 6/49，其最高奖据称已达至少 4000 万。买彩票的队伍甚至在小区拐起了弯。在仅仅 24 小时内，我就接受了 8 次与彩票有关的电视及广播访谈。

令我吃惊的是,有许多人真的认为自己很有可能中大奖。他们中有人听说过中奖的概率只有大约一千四百万分之一,但他们并不真正理解这到底是多么不可能发生的事。

对乘飞机的恐惧也类似。大多数人也曾听到过关于乘飞机旅行是安全的之类说辞,但当乘的飞机在空中遇到不稳定的强气流时,许多人就会怀疑统计学知识究竟是否有用。在 250 万次的商业飞行中大约只有一次会机毁人亡,这一事实似乎未能给人留下深刻的印象。这就引发了一个问题:怎样才能让人们相信,飞机失事——正如买彩票中头奖,发生的概率小得根本不值得一想?

类比是有用的。例如,你下一次乘坐的飞机会失事的概率,正与随机选取的一名加拿大成年妇女会在其后的 8 分钟里生下一个小孩的概率相当。并且如果你一星期坐一次飞机,那么在 50 000 年中大约有一次你会遭遇到飞机失事的惨剧。

同样,与买一张乐透6/49 的彩票就能中得头奖的概率相比,你会在下一年被闪电击中而死的概率大约是它的 3 倍;一名随机选取的加拿大人日后会成为总理的概率大约是它的 4 倍;你会在开车去买彩票的路上遭遇车祸而死的概率大约是它的两倍;甚至随机选取的一名妇女在一两分钟内生下一个小孩的概率都会比它大。

这些类比是否足以表明,飞机失事以及买彩票中头奖实际上是多么不可能发生的吗?就我而言,是的:有关飞机失事的统计数据已经让我从对乘飞机感到紧张不安变成了充满信心。(当然,我仍担心飞机会晚到,但那是另一回事了。)而且,我是如此地肯定自己不会中得彩票头奖,所以我甚至连彩票都从未买过一张。

不过,要想让统计学知识真的减轻我们的恐惧、影响我们的行为,仅仅在头脑中知道那些数据是不够的,还得用心好好体会一下。

禽流感那点儿事

2005 年 10 月和 11 月,人们对于禽流感会大肆传播开来的恐惧达到了顶点。无论是哪里的头条新闻似乎都在警告说,我们正面临一场浩劫;只是不知它会在何时发生,我们应该抓紧时间享受的情绪则充溢人间。甚至一位医学博士还严肃地告诉我,在接下来的 5 年内,住在城里的加拿大人有 1/4 将死于禽流感。

到 2006 年 1 月,媒体上有关禽流感大流行的喧嚣声浪已大致平息。这倒不是因为禽流感的威胁业已减退。实际上,随着这种流感从亚洲蔓延到欧洲,它的威胁正在增加。媒体只是因为说烦了才转移到别的事情上去。和往常一样,一件麻烦事在新闻的头条上频频出现与它会发生的真正的概率完全没有关系。

那么,在接下去的几年里,人类会被一种致命病毒摧毁的概率到底有多大呢?要给出一个精确的答案是困难的。不过,至少有两条合理的途径可循以对此问题作出某种答复。

第一条途径是回顾历史。在过去,确实出现过一些真正的疾病大流行,比如 1918—1919 年的大流感,14 世纪的淋巴腺鼠疫。但也出现过许多曾经耸人听闻的、报纸一度宣称它们将会是下一个全球性杀手的疾病——如 SARS、西尼罗病以及埃博拉等,结果大多数这样的疾病并没有在大范围内夺去很多人的生命。如此一想,似乎已能推知禽流感也不大可能会是下一个将带给人类巨大伤害的杀手。

第二条途径是认识到疾病的传播通常是靠一个自我复制系统来实现的,其再生数必须要大于 1。这样的疾病才能从少数人那里出发,传染给越来越多的人,最后几乎无人可以幸免。

但是,直至写作本文之时,致命的禽流感病毒 H5N1 还主要是从鸟传染给人,而几乎不会从人传染给人。这说明这种流感基本上不会形成自我复制系统,更别提它的再生数会很大了。如果情况总是这样,那我们也许更要提防鸟,这当然很难办。不过,我们就不必互相害怕了,更不必害怕会有一种全球性的能自我复制的流行病爆发。

这也正是为什么流行病学家把他们的时间全花在担心 H5N1 病毒是否会突变上，即突变成另一种同样致命的流感病毒，但又能直接并且轻易地从人传染给人。要真会这样，那种流感就的确可以形成一个自我复制系统，其再生数也许能超过 1。这样，一种流行病就要开始大爆发了。这一情境确实有可能发生；正如艾滋病有一天也可能会突变，变得像普通感冒那样可以轻易地经由空气传播。不过，这种事情现在还没有发生，也并无强有力的证据表明这种事情发生的概率很大。此外，即便 H5N1 病毒发生了突变，能由人传染给人，那也只要通过采取适当的应急反应以及隔离措施，也许就可能将它的再生数降到 1 以下（对付 SARS，最后就是这么一种状况）。

所以，我对禽流感倒不太担心。它会产生突变、变得易于在人体之间传播且在短时间内能让数百万人死亡的概率很小。当然，我也许想错了。幸运的是，如果我错了，每一个人都将忙于与一种可怕的流行病作斗争，哪里还会想得起我这个概率学者的预测呢！

是蒙提霍尔问题吗

2005 年 12 月 19 日，美国一家电视台开播了一档大受欢迎的、新的游戏节目"一掷千金"。游戏中要用到 26 只箱子，每只箱子里都有一张取钱的凭据，上面标的数额从 1 美分到 100 万美元不等。游戏的参加者先选定一只箱子，不打开。然后其他一些箱子依次被打开，给大家看里面的钱是多少。主持人会时不时地提出付给参加者一些报酬，他或她要是接受的话，就得立即退出游戏。如果参加者一直拒绝接受任何报酬，直到其他箱子都已被打开，那么参加者最初选定的箱子中的钱就归他或她所有了。

这一游戏与我在本书里讨论的蒙提霍尔问题有许多相同之处。在这两种情境中，参加者都要先选定一个未知的对象（一只箱子或一扇门），然后其他一些未知对象被展示出来,接着参加者必须决定是坚持最初的选择还是同意做某项交易,但是这一表面的相似是否意味着涉及的概率也雷同呢?

假设有 24 只箱子已经被打开,剩下的两只箱子中要么是标有 1 美元奖金的,要么是标有 100 万美元奖金的。参加者选定的是标有 100 万美元那只箱子的概率有多大呢?

如果你对蒙提霍尔问题很熟悉,可能会推想这一概率只有 1/26,而另一只箱子中标有 100 万美元的概率则是 25/26。如果主持人像在蒙提霍尔问题中那样,知道标有 100 万美元的箱子是哪一只,并且小心翼翼地不去提前打开它,那么这一推想的确是对的。

所幸,对于"一掷千金"游戏的参加者们来说,情况不是这样。主持人其实并不知道每只箱子里标的钱数是多少,而且是由参加者来决定下一次打开哪一只箱子。所以,"一掷千金"游戏的真面貌你也许可以这样说或那样说,但它与蒙提霍尔问题不同。

在"一掷千金"游戏中,即使有些箱子已经被打开,但在每只还未被打开的箱子中标有何种还未公布出来的金额,其概率是相等的。你的所有的决定都应该以此为基础。

如果最后只剩下标有 1 美元的箱子以及标有 100 万美元的箱子,那么参加者从中选定的箱子中标有 100 万美元的概率就是 50%。平均说来,这只箱子中就有 50 万零 5 美元。所以如果主持人付给参加者的报酬远远低于 50 万美元,参加者就应该紧紧抓住他选定的箱子,笑着热诚地吐出一句:"不换!"

谋杀案:似是那么吓人

在过去约 15 年内,暴力犯罪案件,包括谋杀案,其发生率一直在显著下降(尽管有许多人的意见正好相反)。然而,2005 年是一个例外:与前些年相比,多伦多市的谋杀案增多了。

媒体过去本来就在为臆想中的犯罪行为不断增多而抱怨,即使那不是真的;现在它的报道变得更加绝望了。多伦多已经"失去了清白身",因为谋杀案件的数量在"暴涨","枪支正让多伦多沉浸在血泊之中。"但有关的数据事实上是怎么说的呢?

　　注意到以下事实可以让我们对问题有一些合理的认识,就是 2005 年多伦多发生的谋杀案件数比 1991 年要少得多,而且每年死于车祸的人数要远远超过死于凶杀案的人数。此外,多伦多的谋杀案件发生率比大多数美国城市的谋杀案件发生率要低,甚至比加拿大的许多其他城市也要低,包括温尼伯、埃德蒙顿以及里贾纳。

　　至于近来的趋势,从 2004 年到 2005 年,多伦多发生的与枪支有关的谋杀案件数确实显著增加了,从 27 起跃升至 52 起(增加了 93%,显然主要是由于帮派之间的争斗多了)。谋杀案件(各种类型)的总数也确实增加了,从 64 起增至 78起,增加了 22%。

　　所以,你可能会惊慌失措,说枪支的滥用正预示着一个可怕时代的来临。或者,你也可能会乐观,强调与枪支无关的谋杀案件数减少了(从 37 起减至26 起)。但最公平的做法还是把目光集中在谋杀案件的总数以及 22% 的增长上。

　　这是否足以说明,对这些可怕的犯罪行为的增多应加以重视吗? 绝对是。

　　这是否足以说明,应该对枪支、犯罪行为采取严厉措施,建立强有力的司法系统,提供更好的社会服务呢? 绝对是。

　　但是,那是否说明一些新闻头条想让我们相信的,这座城市在本质上已经发生了突然的、根本性的、不可挽回的变化呢? 绝对不是。

　　到写这篇文章时,多伦多的谋杀案件发生数减少了(如果目前的势头保持下去的话),2006 年就比 2005 年要少,甚至是 1999 年以来最少的。那么有多少新闻的头条报道了多伦多今年谋杀案件减少了呢? 找不到一条。没有例外,真

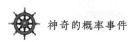

实的数字说明了真实的情况。

对一次选举的回顾

2006 年 1 月 23 日,加拿大举行全国大选,吸引了所有以 P 开头的人物:政客(politicians)、党派人士(partisans)、专家(pundits)、民意调查人员(pollsters)以及至少一个概率学者(probabilist)。战略咨询(Strategic Counsel)、EKOS 和 SES,这 3 家最重要的民意调查公司,几乎每天都发布民意调查结果。另外几家公司,例如德西马研究(Decima Research)、伊普索斯—瑞德(Ipsos-Reid)、莱杰市场调查(Léger Marketing),则时不时地也有民意调查结果出炉。在 8 个星期的竞选活动中,总计有超过 100 个民意调查公司发布了调查结果。

大致说来,这些民意调查彼此无甚差别,都展示了竞选的同样一个态势。在竞选活动的前半段,选民的意见与前一次选举(2004 年)相比几乎没有变化,预测自由党又将获得约 37% 的选票,保守党则将获得 30% 的选票。接着,在元旦前后,选民的意见陡然一变,保守党稍稍领先,并且将优势一直保持到最后。整个态势就是这样。

不过,有一个反常情况出现。选举前 7 天,战略咨询公司公布了一个民意调查的结果,预测保守党的支持率将达到42%,自由党则只有24%,前者领先了 18 个百分点。他们宣布道:"这些数据表明,将诞生一个多数派的政府。"

与此同时,在那一天或更早一天发布的其他民意调查结果都是预测保守党的领先优势要小得多:EKOS 预测保守党将以 36% 对 30% 领先,SES 是 37% 对 30%,德西马是 37% 对 27%,伊普索斯—瑞德是 38% 对 26%。这是怎么回事?怎么会有一个民意调查预测领先 18 个百分点,而另一个民意调查(EKOS)则预测只领先 6 个百分点,两者相差 12 个百分点?而且他们都声称自己的误差幅度只有约 3%。

民意调查通常会有局限——一些受访者不接电话或拒绝回答提问或不讲真话,或以后改变主意或不去投票——对所有的民意调查都会产生同样负面的影响。它们也许能用来解释为什么一个民意调查的结果会与真正的选举结果存有差异,但不能用来解释它为什么会与另一个民意调查的结果迥异。

所以,如果这些局限无法解释差异,那么什么能解释呢?

记者们想要一个回答。于是我提出了四点意见:

1. 针对选举而开展的民意调查的误差幅度指的是某个政党的支持率的误差,而非它领先于另一个政党程度的误差。所以,与其去比较领先18个百分点和领先6个百分点,我们还不如去比较保守党在一个民意调查中的42%支持率与它在另一个民意调查中36%的支持率(或比较自由党24%的支持率与30%的支持率)。这样做,立即就会把两个民意调查之间的差异从12%降到了6%。

2. 不同的民意调查之间的差异可能是代表了它们各自误差的总和。举例来说,如果保守党真正的支持率是39%,那么战略咨询公司所预测的42%与EKOS所预测的36%,都只有3%而非6%的误差,而这个误差与它们公布的误差幅度正好大致相符。

3. 无论如何,误差幅度也适用于"20次中有19次"。这意味着,20次中大概有1次民意调查结果与真实情况的差异会超出误差幅度的范围。民意调查搞得那么多,"20次中有1次"的例外必定会在某一时段出现,那只是因为运气不好罢了。完全没有什么可吃惊的。

4. 除了上述几点外,理论上来说还有一种可能,即各个民意调查在实施时带了一些系统性的偏见。也许它们是在一天中的不同时段打电话提问,因而接触到的是加拿大人中的不同群体;也许它们是从不同的渠道获得电话号码的;也许它们在对还未作出决定的选民估计倾向时,分配的比例不同;或者是参与民意调查的研究人员支持某个特定的政党,而又在提问时无意地表露了出来。

对于第四条意见,我怀疑不大会是真的。那些搞民意调查的老手都太精于此道了,各种可控制的偏见几乎都能消除。所以,我倾向于赞同别的解释。那些误差并没有初看上去那么大，最后的差异是由于运气不好，抽取了人群中某些不同寻常的样本而造成的。

我知道，根据大数定律，减少民意调查误差的最佳方法就是对不同的民意调查的结果取平均值，这能有效地创造一个更大的样本。对在那两天搞的民意调查的结果取平均值，保守党的支持率将会以38%对27%领先。这有力地暗示了EKOS的民意调查是非常准确的，而战略咨询的民意调查则是碰到了"20次中有1次"的霉运。

不幸的是，民意调查公司以及新闻媒体只盯着它们自己搞的民意调查的结果。《环球邮报》(它与加拿大电视台一道赞助战略咨询搞民意调查)就自信地宣布了令人吃惊的42%对24%的预测结果，暗示保守党将获得压倒性的胜利，而不顾其他所有民意调查的结果。加拿大历史上最伟大的民意调查人员之一战略咨询的主席格雷格(Allan Gregg)，径直宣布道："不必多说，我们支持我们自己的数据。"对于他们而言，可没有对民意调查的结果取平均这样的事。

在实际选举中，保守党获得了36.3%的选票，自由党是30.2%——极为接近EKOS民意调查的结果，与战略咨询的数据则相差甚远。保守党是以略微领先的优势胜出，而非大获全胜。正如我所预计的，对不同的民意调查的结果取平均值确实有很高的准确性(对自由党的支持率从27%增加到了30.2%。那显然表明，在最后时刻选民的意见有一个很微小的偏移)。

在发布42%对24%的预测结果之后两天，战略咨询又发布了一个新的民意调查结果，这回是调整到了37%对28%，与别的民意调查公司发布的结果类似。对我来说，这只是表明他们此前搞的那个民意调查正犯了"20次中有1次"的错误。然而，《环球邮报》看问题可不一样，它大肆宣传的是对保守党的支持"遭到了打击"，正在"逐渐减弱"。他们甚至对此回落找到了一个原因：保守党的领导人"偏离了此前仔细拟定的竞选纲领"。

好吧，也许是吧，但概率也与此事有关呢。